高等职业院校信息通信类规划教材

5G＋云网融合综合实训

主　编　吴　熹　　向玉玲
副主编　李任坤　　陈佳莹　　罗芳盛

北京邮电大学出版社
www.buptpress.com

内 容 简 介

本书综合介绍了云网融合的基本概念和相关技术,概念清晰、结构分明。本书以具体的工作任务为载体,通过仿真技术,对 NB-IoT、5G 站点工程、SDN、5G 全网建设、通信大数据和云服务等典型云网技术进行训练。书中配有丰富的实训案例,把需要掌握的知识点和技能点融入具体的工作任务中,使读者能够较直观地了解云网融合的内容及其关键技术。

本书可作为高等职业院校现代通信技术、现代移动通信技术等通信相关专业的教材和参考书。

图书在版编目(CIP)数据

5G＋云网融合综合实训 / 吴熹,向玉玲主编 . -- 北京:北京邮电大学出版社,2023.6(2023.8 重印)
ISBN 978-7-5635-6928-1

Ⅰ.①5… Ⅱ.①吴… ②向… Ⅲ.①第五代移动通信系统-研究 Ⅳ.①TN929.538

中国国家版本馆 CIP 数据核字(2023)第 099720 号

策划编辑:彭 楠　　责任编辑:满志文　　责任校对:张会良　　封面设计:七星博纳

出版发行:北京邮电大学出版社
社　　址:北京市海淀区西土城路 10 号
邮政编码:100876
发 行 部:电话:010-62282185　传真:010-62283578
E-mail:publish@bupt.edu.cn
经　　销:各地新华书店
印　　刷:三河市骏杰印刷有限公司
开　　本:787 mm×1 092 mm　1/16
印　　张:17.75
字　　数:437 千字
版　　次:2023 年 6 月第 1 版
印　　次:2023 年 8 月第 2 次印刷

ISBN 978-7-5635-6928-1　　　　　　　　　　　　　　　定　价:58.00 元

· 如有印装质量问题,请与北京邮电大学出版社发行部联系 ·

前　言

随着数字产业化进程的加速,新型数字基础设施成为数字经济高质量发展的重要基础。信息技术和通信技术的高度融合使得基础设施在技术架构、业务形态和运营模式方面产生了深刻的变革。

传统的底层网络结构无法满足"大物移云"时代的需求,繁杂的设备、烦琐的配置等问题层出不穷。软件定义网络(Software Defined Network,SDN)的出现,改变了网络的部署方式。编程式的部署可以更快更好地响应业务需求;控制和转发层面分离的思想深刻影响了网络的结构。第五代移动通信(5th-Generation Mobile Communication,5G)网络也正是基于这种思想完成了网络结构的变革。从广义上来说,只要网络的硬件设备可以实现集中式的软件管理、可编程、控制和转发层面分离,就可以认为该网络是一个 SDN 网络。因此,作为未来网络结构的一种框架,SDN 是普遍存在的。

5G 网络的出现,标志着万物互联时代的到来。它是通信技术和信息技术高度融合的典型代表。它在为千行百业赋能的同时,也带动了各行各业的数字化发展。截至 2022 年年底,中国累计建设并开通了 231 万个 5G 基站,建成了全球规模最大、技术领先的移动通信网络,实现了"县县通 5G""村村通宽带"。全国在用数据中心的算力规模位居世界第二。

窄带物联网(Narrow Band Internet of Things,NB-IoT)为低功耗设备提供广域网的蜂窝数据连接,具有广覆盖、低功耗、低成本和大容量等优势。被广泛应用于多种垂直行业,如智能停车、远程抄表等。它是万物互联网络的重要组成部分。全球移动通信系统协会发布的《2020移动经济》报告预测 2025 年全球物联网连接数将达到 246 亿的规模。全球物联网发展处于持续且高速增长的态势。

随着社会的高速发展,庞大的数据量、多样的数据源、极高的数据实效性催生了大数据技术,这是数字经济时代的必然产物。大数据技术在存储、计算处理、安全流通、数据管理及应用等方面快速发展,形成了庞大的技术体系。覆盖了金融、政务、通信、医疗、交通、教育、农业、物流等诸多行业。尤其在通信领域,数据规模巨大,且有强大的基础设施保障,使得通信大数据的市场需求不断增长。

云计算集中体现了信息技术的发展和服务模式的创新,是企业及产业实施数字化转型的重要基础。中国信息通信研究院在《云计算白皮书》中指出互联网和信息服务业已基本实现云计算的深化应用;金融、政务、交通、医疗和能源等行业也实施了不同程度的云化改造,同时具有较大的持续改造空间。

云计算和大数据技术是信息技术领域的支撑技术。基于云的服务和大数据的运用已经渗透到社会的各个领域。然而,在数字经济高速发展的今天,要实现开放的网络能力,提供更多的业务,云与网的融合势在必行。中国电信率先提出了"云网融合"的发展方向,指出了"网是基础、云为核心、网随云动、云网一体"的 16 字发展原则。《"十四五"数字经济发展规划》也明确指出,要加快建设信息网络基础设施,推动云网协同和算网融合发展,建设高速泛在、天地一体、云网融合、智能敏捷、绿色低碳、安全可控的智能化综合性数字信息基础设施。

作为未来技术发展的重要目标,云网融合紧密结合了通信、新技术和算力等基础设施,是新型信息基础设施的底座。编者们认真研究高等职业教育理念和学生的学习规律,以大量课程建设和工程实践的经验为基础,精选了6种典型的云网技术,编写了《5G＋云网融合综合实训》。

本书编写的理念是以任务为导向,培养学生的动手能力和职业素养,提升学生的实践能力。本书以具体的工作任务为载体,通过仿真技术模拟实际工作内容和工作过程,概念清晰、结构分明。把需要掌握的知识点和技能点融入具体的工作任务中,使读者能够较直观地了解云网融合的内容及其关键技术。

本书共包含7个项目。项目1总体介绍了5G＋云网融合的相关概念、意义、愿景和目标架构。项目2至项目5分别介绍了NB-IoT、5G站点工程、SDN和5G全网建设共4种网络技术,项目6和项目7分别介绍了通信大数据和云服务两种云技术,旨在强化站点建设、网络设备部署、网络业务开通、网络优化和业务应用的技术要点和方法。

本书凝聚了各位编者长久以来的教学和实践经验。但由于水平有限,书中存在不足之处,敬请读者批评指正,以便进一步改进和完善。

编　者

目　　录

项目 1 5G＋云网融合概述

任务 1.1 云网融合的意义和愿景

一、云网融合的概念

当今社会是一个高速发展的信息社会,获取信息、处理信息和使用信息的能力已成为现代人最基本的生存能力。通信网则构建起了人与人、人与物、物与物之间的连接。

随着通信技术的发展,通信网经历了从语音到数据、从低速到高速、从"人与人"到"物与物"、从地面到天空的演变。5G 的出现标志着真正的"万物互联"时代已经到来。5G 赋予了通信网高速度、低延时、大连接、高安全性的特点,同时 5G 也推动了通信网与人工智能、云计算、工业互联网等技术的无缝融合。

在全球进入数字经济时代的今天,云计算作为新兴信息技术之一,渗透到了经济和社会的各个领域,支撑着数字经济的发展,也是产业升级的重要基石。与此同时,在物理连接的基础上,通信网络也正在数字世界中进行重构,并且发生了深刻的变革。

2016 年,中国电信率先提出"云网融合"的发展方向,并于 2020 年 11 月发布了《云网融合2030 技术白皮书》(以下简称"白皮书")。这里的"云"是指云计算,"网"是指通信网。所谓云网融合,就是要求网络基础设施可根据各类云服务需求开放网络能力,从而更好地优化网络结构,确保网络的灵活性、智能性和可运维性,是"云"与"网"的有机结合。白皮书明确提出了"网是基础、云为核心、网随云动、云网一体"的 16 字发展原则。

白皮书中指出,云网融合是通信技术和信息技术深度融合所带来的信息基础设施的深刻变革。经过协同、融合、一体三个发展阶段,最终将传统上相对独立的云计算资源和网络设施融合形成一体化供给、一体化运营、一体化服务的体系。

二、云网融合的基本特征

1. 一体化供给

对云资源和网络资源进行统一的定义、封装和编排,从而构建统一、弹性、敏捷的资源供给体系。

2. 一体化运营

将相互独立的云、网运营体系,转变为全域资源感知、一致质量保障、一体化规划和运维的管理。

3. 一体化服务

在客户服务方面,实现云业务和网络业务的深度融合,完成业务的统一受理、交付和呈现。

三、云网融合的意义

云网融合是未来技术发展的重要目标,它将通信、新技术和算力等基础设施紧密结合在一起,是新型信息基础设施的底座。

云网融合为数字经济的发展提供了坚实的基础。在技术融合的基础上,进一步实现业务形态、服务模式、商业模式的多元化融合和创新,为行业和社会提供数字化应用及解决方案。

四、云网融合的愿景

尽管云网融合已经成为电信运营商共同的发展目标,但是在发展模式上存在差异。

1. 连接模式

这是一种专注高质量网络和云连接的发展模式。在欧美国家,云服务市场竞争激励、高度水平分工。拥有数据中心和网络资源的运营商逐渐退出云服务市场,逐渐转变为渠道销售和网络通道的角色。

2. 一体模式

该模式是综合利用网络、云和客户的优势,达到云网统一的解决方案。日本 NTT 公司正是基于该模式在日本的云服务市场占据了重要地位。它将全球 DC 资源、VPN 网络和高 IT 服务能力融于一体,提供完整云计算解决方案。

3. 生态模式

该模式在自主掌控云网核心能力的基础上,联合云服务提供商和应用能力开发者,实现基础能力的快速整合、应用能力的快速开发和个性化提供,从而构建多形态的云网融合生态,赋能千行百业。中国电信以此为主要发展方向,但同时兼顾前两种发展模式。

白皮书指出,中国电信云网融合的愿景目标是"通过虚拟化、云化和服务化,形成一体化的融合技术架构,最终实现简洁、敏捷、开放、融合、安全、智能的新型信息基础设施的资源供给",架构图如图 1-1 所示。

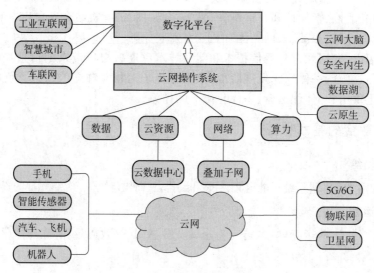

图 1-1　中国电信云网融合愿景架构

统一的云网基础设施连接了移动通信网络(5G/6G)、物联网和卫星网等多种网络,接入了移动终端、智能传感器、交通工具和机器人等智能设备。

资源部分纳入了计算和存储等云资源、网络资源、数据资源和算力资源,形成多源异构的资源体系。

云网操作系统对各种资源进行统一的抽象、管理和编排,支持云原生的开发环境和面向业务的云网切面能力。引入云网大脑,利用大数据和人工智能技术对资源进行智能规划、仿真、预测、调度和优化。引入主动防疫和自动免疫技术,实现端到端的安全保障,提供安全服务,具备安全内生的能力。

数字化平台主要提供云网能力开放、数字化开放运行环境、数据多方共享和生态化价值共享机制等,服务于工业互联网、车联网和智慧城市等各种行业的数字化解决方案。

任务 1.2　云网融合的目标技术架构

云网融合是一个长期的演进过程,遵循 16 字发展原则,以愿景架构为模型最终形成层次化分工和无缝协作的融合技术架构,如图 1-2 所示。

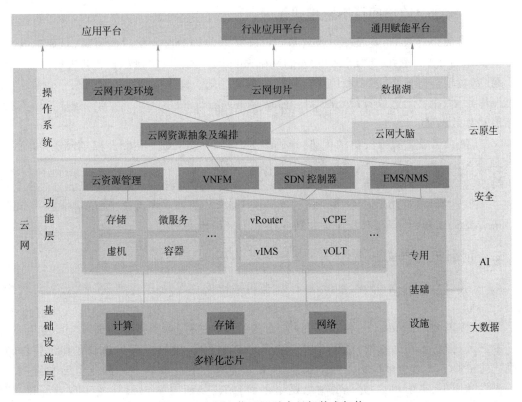

图 1-2　中国电信云网融合目标技术架构

基础设施层采用了少量必需的专用设备,这些专用设备在容量和性能上有超高的要求;大量采用通用化、标准化的硬件设备,特别是扩展性良好的硬件芯片,如 FPGA、ARM、x86 等。

功能层主要负责将传统的云网功能虚拟化和软件定制,通过对应的管理平台和系统实现相关的功能纳管和原子化封装。

操作系统是在云网资源统一抽象的基础上,进行统一编排,结合数据湖提供的大数据能力,借助云网大脑提供各种智能化能力,创建云网开发环境,提供云网切片的服务化能力,为应用平台赋能。

各个层面都需要引入和部署云原生、安全、AI和大数据等关键技术。

由此可以看出,云和数字化转型是建立在高容量、高性能和高可靠的泛在智能承载基础上的,需要简洁、敏捷、开放、融合、智能、安全的网络作为新型信息基础设施的基础。云为数字化转型提供平台载体。大数据、人工智能、物联网、5G等技术的演进需要背靠云提供的资源和能力。因此,云是新型信息基础设施的核心。网络的部署和开通需要以云的需求进行弹性适配,促成云网端到端能力服务化。因此,网要主动适配云的模式。有别于传统云和网的独立模式,两者需要构建统一的云网资源和服务能力,形成一体化的融合技术架构。

任务 1.3　云网融合的关键举措

一、优化云资源池的技术架构和布局

第一,完成公有云、专属云和边缘云基础设施技术架构的统一。以高容量、低延时和自动调度的全光网 2.0 为依托,夯实云间互连的基础,实现统一纳管、快速部署和云边协同。

第二,实现公有云、专属云和边缘云的资源布局优化。构建公有云+专属云+边缘云的三层资源体系,承接移动边缘计算(Mobile Edge Computing,MEC)等新型业务的需求,支持按需拓展和高效运营。

第三,集成云、网、边缘资源的优势,推进多云/多线接入,助力混合云和多云业务的发展。提供多种入云专线/专网方案,满足客户差异化品质需求。

第四,推动 IT 系统和业务平台全面上云,业务支撑系统(Business Support System,BSS)/运营支撑系统(Operation Support System,OSS)/ 管理支撑系统(Management Support System,MSS)实现云化承载、新业务和新应用采用云原生架构。

二、创新组网方式

第一,通过部署云网 POP,加速云资源池和基础网络的一体化建设,便于端到端快速入云。

第二,按需开展 Underlay 和 Overlay 结合的组网,支持云业务所需的细颗粒度链接能力。

第三,以云骨干网为基础,优化部署云计算的专用平面,提供更大传输带宽和云资源池间的高速通道服务。结合多种接入网络条件,满足政企客户和公众客户差异化上云和组网的需求。提供高质量、高可靠、差异化的精品网络平面,尤其是面向 B to B 业务实现差异化、智能化和服务化的能力。

第四,优化互联网的网络架构和协议。部署互联网内容分发网络(Content Delivery Network,CDN),提供网络效率和用户感知。与此同时,以 5G 独立组网网络和物联网为抓手推动 IPv6 单栈网络建设,结合 SRv6 等协议的引入逐步形成端到端智能化的全 IPv6 网络。

三、加速网络云化

第一,以业务需求为依据,统一规划和部署云网基础设施。形成覆盖核心、区域、边缘的大规模分布式网络云,支持多专业网元集约承载,逐步推进网络云化进程。

第二,加强技术的自主可控,推动网络云虚拟化、白盒、云原生化、多专业网络控制器、综合网管、编排调度、运营管理、自动化实施等核心能力落地,实现全网资源的统一纳管、协同编排和智能运营。

四、攻关云 PaaS 能力

第一,聚焦关键 Paas 组件能力(包括数据库、大数据分析、微服务框架、容器服务平台等云原生能力体系),开展技术攻关,缩短与国际领先水平的差距。

第二,汇聚 AI、大数据、区块链、视频处理、CDN 和安全等多种能力,实现能力统一提供,统一构建数字化应用使能平台、应用开发平台及应用市场能力体系。

五、打造云网操作系统

第一,开发新一代云网运营系统,实现对 Underlay 和 Overlay 网络的统一纳管与编排,支持业务协同快速提供。促进云和网的调度编排系统对接打通,云网之间以可编程方式互为调度,可基于统一门户集成云、网服务产品,统一提供云网融合产品。

第二,进一步升级新一代云网运营系统为云网操作系统,最终全面实现云网资源的内生安全和虚实统管,并支持一体化云网资源的新特性、新能力的敏捷开发和部署。

六、构建端到端的云网内生安全体系

第一,构建云网安全的总体架构。从静态安全向主动防御演进,实现云网设施和平台天然具有安全性,聚"防御、检测、响应、预测"于一体的自适应、自主、自生长的内生安全能力,打造主动免疫的云网。

第二,要基于软件定义安全(Software Defined Security,SDS)实现安全能力原子化、安全服务链编排,实现云网融合的安全产品与能力,提供多样化、可定制的云网安全服务。

第三,打造端到端的云网融合安全内生体系,通过安全资源池、安全采集器、安全控制器、安全分析器、安全大脑,构建完整的安全内生体系。其中,安全采集器进行各种安全相关数据的采集和数据的预处理及初步分析;安全分析器进行威胁建模、攻击分析;安全控制器进行安全资源池的管理;安全大脑作为中枢,统一协调安全采集器、控制器、分析器,具备安全智能,实现具有安全免疫能力的主动防御体系。

七、推进云原生改造

第一,改造云管平台,增加对容器集群资源的管理能力,以及对虚机和安全容器实例的编排能力。

第二,研发高性能的电信级虚拟化云平台,在安全可信的统一内核架构下,支持容器和虚机共存的云运行系统,实现虚机、安全容器和云函数等的统一承载。

第三,推动网络功能的云原生标准化工作,实现云管平台对容器云电信网络的统一管理。

八、云网融合实践案例

中国电信以"三朵云"为 5G 网络目标架构,将通过 5G 网络部署的契机,实现云网融合落地应用。

第一,5G 核心网控制面和转发面分离,控制面采用服务化架构(Service-Based Architecture,SBA),支持网络功能的云原生部署和网络的灵活部署、弹性伸缩和平滑演进;网络功能颗粒度进一步细化,对外提供 RESTFul API 接口;通过服务的注册和发现机制,实现网络功能的即插即用;支持网络切片和边缘计算,实现业务和网络的按需定制。

第二,5G 无线网设备虚拟化从集中单元(Centralized Unit,CU)的控制面开始,随着通用化平台转发能力的提升而逐步深入;力争通过基站硬件白盒化来打造更加开放的无线网产业链。5G 无线网设备白盒化初期主要聚焦于 5G 室内场景。

第三,5G 网络切片将构建端到端的逻辑子网,涉及核心网、无线接入网、IP 承载网和传送网等多领域的协同配合。其中,核心网控制面采用服务化架构部署,用户面根据业务对转发性能的要求,综合采用软件转发加速、硬件加速等技术实现部署灵活性和处理性能的平衡;无线接入网采用灵活的空口无线资源调度技术实现差异化的业务保障能力;承载网可通过 FlexE接口及 VPN、QoS 等技术支持承载网络切片功能。

项目 2   网—NB-IoT 网络技术

任务 2.1   NB-IoT 设备部署与线缆连接

【任务描述】

本任务以构建窄带物联网(Narrow Band Internet of Things,NB-IoT)为目标,旨在训练 NB-IoT 的设备部署。通过此任务,可以加深对 NB-IoT 网络拓扑和设备的认识,了解 NB-IoT 的网元设备安装方法。

【任务准备】

完成本任务,需要准备以下知识:

(1) 了解 NB-IoT 的网络架构;

(2) 了解 NB-IoT 主要设备的功能。

一、NB-IoT 网络架构

NB-IoT 结合自身对大连接、小包收发和节能等方面的需求在 LTE 的基础上做出了部分改进和简化,但是其仍然继承了 LTE 的网络结构,如图 2-1 所示。

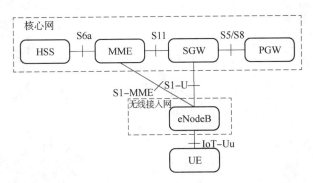

图 2-1   NB-IoT 网络架构

二、网元设备功能

核心网的主要网元有 4 个:移动性管理实体(Mobility Management Entity,MME)、服务网关(Serving GateWay,SGW)、分组数据网网关(Packet Data Network GateWay,PGW)和归属用户服务器(Home Subscriber Server,HSS)。

其中,MME 是一个信令实体,也就是负责控制面(Control Plane,CP)功能,主要有移动性管理、承载管理、用户的鉴权认证以及 SGW 和 PGW 的选择等功能。

SGW 是一个用户面(User Plane,UP)实体,是用户面接入服务的网关,负责会话管理、路由选择和数据转发、服务质量控制和计费。

PGW 是运营商网络和互联网的网关,包括分组包深度检查、IP 地址分配、会话管理、路由选择和数据转发、非 3GPP 接入、基于业务的计费等。

HSS 主要用于存储并管理用户的签约数据,包括用户鉴权信息、位置信息以及路由信息。

无线接入网的网元是基站 eNodeB,主要由基带处理单元(Building Base band Unit,BBU)、射频拉远单元(Radio Remote Unit,RRU)和天线 ANT 组成。BBU 负责编码、复用、调制和扩频等基带处理、信令处理,完成本地和远程操作维护、基站系统的工作状态监控和告警信息上报功能。BBU 经光纤连接到 RRU,由 RRU 在远端将基带光信号转换成射频信号,并通过天线 ANT 将信号发送出去。

【任务实施】

NB-IoT 设备部署与线缆连接流程如图 2-2 所示。

一、拓扑规划

登录 IUV_NB-IOT 软件,单击上方的拓扑规划。

• 步骤 1.1 核心网设备安装。

在右侧资源池单中分别单击 MME、SGW、PGW、HSS、SW,并将鼠标按住拖动至顺津市核心网内,如图 2-3 所示。

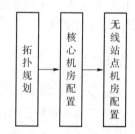

图 2-2　NB-IoT 设备部署与
线缆连接流程

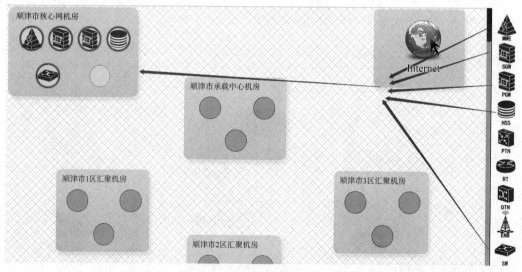

图 2-3　核心网设备安装完成图

- 步骤 1.2 设备连线。

单击 MME 设备之后,鼠标与设备之间会生成一根连线,再次单击 SW1 设备即可完成两个设备的连接。根据此方式,分别将 MME、SGW、PGW、HSS 与 SW1 和 SW2 进行连接,如图 2-4 所示。

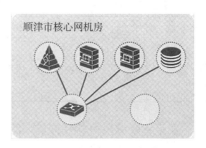

图 2-4　设备间连接完成图

二、核心网机房配置

登录 IUV_NB-IOT 软件,单击上方的设备配置。

- 步骤 2.1 选择核心网机房。

进入设备配置界面,单击核心网机房,如图 2-5 所示。

图 2-5　核心网机房选择图

- 步骤 2.2 综合柜配置。

进入核心网机房后,单击最左边的机柜,可以看到右边有大、中、小三种型号的 MME、SGW、PGW 可供选择。三种网元的参数如表 2-1 所示。

表 2-1　网元参数

网元类型	参数项
MME	在线用户数
	S1-MME 接口信令流程
	S11-C 接口信令流量
	S6a 接口信令流量
	MME 系统吞吐量
PGW	S5 接口信令流量
	SGi 接口信令流量
	PGW 系统吞吐量

续表

网元类型	参数项
SGW	S11-U 接口业务流量
	S5 接口信令流量
	SGW 系统吞吐量

在设备资源池中,用鼠标单击大型 SGW、大型 MME 和 PGW,将其拖动至机柜中,如图 2-6 所示。

图 2-6　机柜内设备安装完毕图

• 步骤 2.3 HSS 配置。

完成上一步骤后,单击左上角的"返回"按钮。单击中间的机柜,鼠标选择大型 HSS,将其拖至机柜中,如图 2-7 所示。

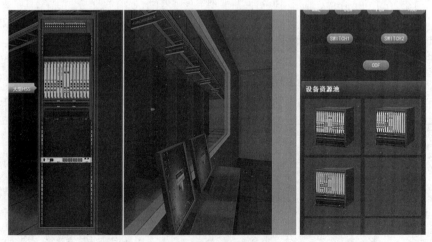

图 2-7　HSS 安装示意图

• 步骤 2.4 核心网元与交换机的连接。

单击设备指示图中的 MME,其中可进行连接的为第 7 槽物理接口单板和第 8 槽物理接口单板。以第 7 槽物理接口单板为例,选择三个端口中的其中一个端口,在右侧线缆池中选择"成对 LC-LC 光纤",单击 MME 第 7 槽物理接口单板的一号端口,再单击设备指示图中的 SWITCH1,在弹出的界面中任意选择一个 10GE 光口,至此 MME 和 SWITCH1 的连接完成,如图 2-8 和图 2-9 所示。

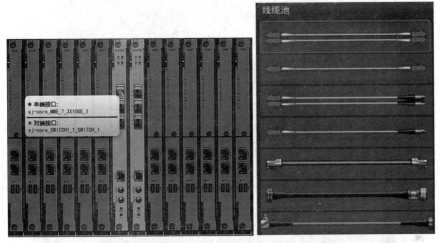

图 2-8　MME 端口连接完成后的信息图

图 2-9　SWITCH1 连接完成后的示意图

同理,分别完成 SGW、PGW 与 SWITCH1 的连接。完成效果如图 2-10~图 2-12 所示。

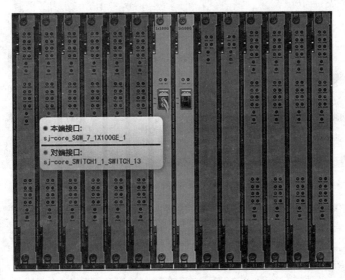

图 2-10　SGW 端口连接完成后的信息图

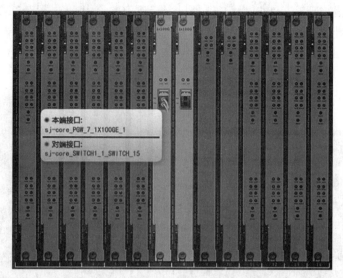

图 2-11　PGW 端口连接完成后的信息图

图 2-12　SWITCH1 连接完成后的示意图

同理,HSS 与 SWITCH1 的连接方式也相同,但线缆需要选择"以太网线",如图 2-13 和图 2-14 所示。

图 2-13　HSS 端口连接完成后的信息图

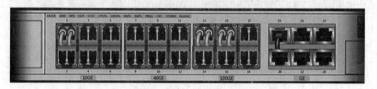

图 2-14　SWITCH1 连接完成后的示意图

- 步骤 2.5 ODF 和 SWITCH 连接。

完成上一步骤后,在 SWITCH1 的详细界面的线缆池中选择"LC-FC 光纤",单击任意一个 100GE 光口,再单击右上方的设备指示图中的 ODF,单击第一对端口完成 ODF 和 SWITCH1 的连接,如图 2-15 和图 2-16 所示。

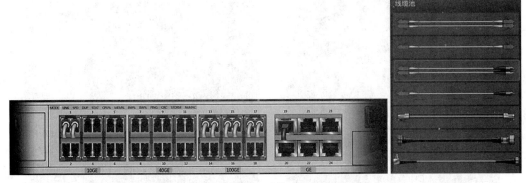

图 2-15　SWITCH1 连接完成后的示意图

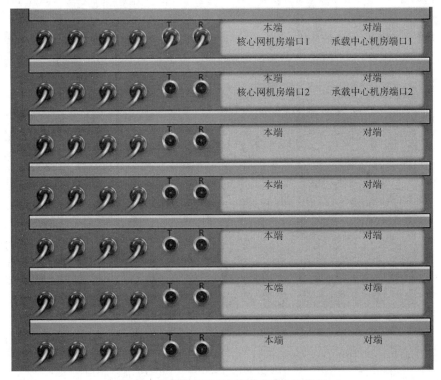

图 2-16　SWITCH1 连接完成后的示意图

三、无线站点机房配置

登录 IUV_NB-IOT 软件,单击上方的设备配置。

- 步骤 3.1 选择 1 区 c 站点机房。

同核心网机房配置的步骤 2.1 一样,进入到设备配置后,单击 1 区 c 站点机房。

- 步骤 3.2 1 区 c 站点机房。

完成上一步骤后,进入到 1 区 c 站点机房的整体界面,如图 2-17 所示。

将鼠标移至机房门处,可以发现机房门有高亮显示。单击进入机房门,可以看到两个机柜以及一个 ODF 架,如图 2-18 所示。

图 2-17　1 区 c 站点机房整体界面示意图　　　　图 2-18　1 区 c 站点机房内部示意图

- 步骤 3.3 BBU 设备的安装。

单击左边的机柜,将右侧设备资源池中的 BBU 设备拖动至机柜中,如图 2-19 所示。

图 2-19　BBU 设备安装完成示意图

鼠标单击机柜中的 BBU,可以查看 BBU 设备的详细界面,BBU 各接口说明如表 2-2 所示。

表 2-2　BBU 接口说明表

接口名称	说明
EHT0	GE/FE 自适应电接口,可用于连接 PTN
Tx/Rx	GE/FE 自适应光接口,可用于连接 PTN(ETH0 和 Tx/Rx 接口互斥使用)
Tx0/Rx0～Tx2/Rx2	光接口,用于连接 RRU
IN	外接 GPS 天线

- 步骤 3.4 PTN 设备的安装。

完成上一步骤后,单击左上角的返回按钮,单击右边的机柜,鼠标选择右侧设备资源池中的小型 PTN,将其拖进机柜中,如图 2-20 所示。

图 2-20　PTN 设备安装完成示意图

- 步骤 3.5 RRU 设备的安装。

完成上一步骤后,单击两次返回按钮,回到机房的整体界面,将鼠标移至铁塔顶处可以发现高亮提示,单击之后进入到 RRU 的安装界面,讲右侧设备资源池中的 RRU 依次拖放至红框内,如图 2-21 所示。

图 2-21　RRU 设备安装完成图

- 步骤 3.6 连接 BBU 与 RRU。

单击设备指示图中的 BBU,选择右边线缆池中的"LC-LC 光纤",鼠标单击 BBU 的 Tx0/Rx0 端口,再单击设备指示图中的 RRU1,在弹出的页面中选择 OPT1 端口,至此 BBU 与 RRU 连接完成,如图 2-22 和图 2-23 所示。

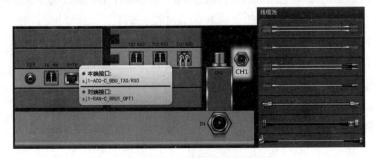

图 2-22　BBU 连接完成信息图

图 2-23 RRU 连接完成信息图

同理,分别完成 RRU2、RRU3 与 BBU 的连接,如图 2-24 所示。

图 2-24 BBU 连接完成信息图

- 步骤 3.7 连接 RRU 与 ANT。

单击设备指示图中的 RRU1,选择右侧资源池中的"天线跳线",单击 RRU1 的 ANT1 端口,再单击设备指示图中的 ANT1,选择 ANT1 端口。同理,连接 RRU1 中的 ANT4 端口和 ANT1 中的 ANT4 端口,至此 RRU 与 ANT 连接完成。同理,完成 RRU2 和 ANT2 的连接以及 RRU3 和 ANT3 的连接,如图 2-25 和图 2-26 所示。

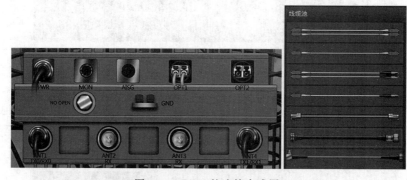

图 2-25 RRU 的连接完成图

图 2-26 ANT 的连接完成图

• 步骤 3.8 连接 BBU 与 GPS。

单击设备指示图中的 BBU,选择右侧资源池中的"GPS 馈线",单击 BBU 的 IN 端口,再单击设备指示图中的 GPS,鼠标再单击黄色高亮处,至此 BBU 和 GPS 连接完成,如图 2-27 和图 2-28 所示。

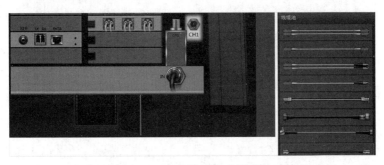

图 2-27　BBU 连接完成示意图

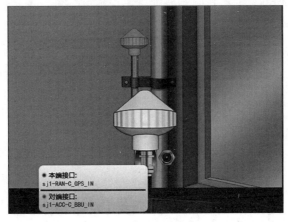

图 2-28　GPS 连接完成信息图

• 步骤 3.9 BBU 与 PTN 的连接。

单击设备指示图中的 BBU,选择右侧资源池中的"成对 LC-LC 光纤",单击 BBU 的 TX/RX 端口,再单击设备指示图中的 PTN,选择 GE1 端口,至此 BBU 和 GPS 连接完成,如图 2-29 和图 2-30 所示。

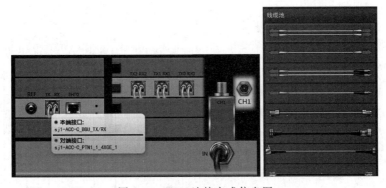

图 2-29　BBU 连接完成信息图

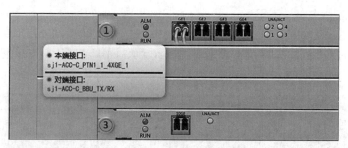

图 2-30　PTN 连接完成信息图

【任务拓展】

思考一下,BBU 与天线之间除了可以采用 2×2 的收发模式,还可以采用 2×4 的收发模式,这种模式应该如何进行连线?

【任务测验】

1. NB-IoT 不可以直接部署于以下哪些网络?(　　)

A. GSM 网络　　　　B. UMTS 网络　　　C. FDD-LTE 网络　　D. TDD-LET 网络

2. NB-IoT 上下行各采用了什么技术?(　　)

A. SC-FDMA　　　　B. OFDMA　　　　C. TDMA　　　　D. CDMA

答案:

1. D; 2. A,B。

任务 2.2　NB-IoT 核心网数据配置

【任务描述】

本任务以开通 NB-IoT 核心网功能为目标,旨在训练 NB-IoT 的核心网数据配置。通过此任务,可以加深对 NB-IoT 核心网网元设备功能和关键参数的认识,了解 NB-IoT 的核心网网元配置方法。

【任务准备】

完成本任务,需要准备以下知识:

(1) 了解 NB-IoT 核心网结构;

(2) 了解 NB-IoT 核心网设备功能。

【任务实施】

NB-IoT 核心网数据配置流程如图 2-31 所示。

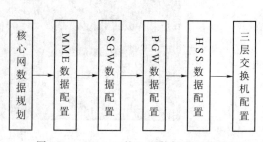

图 2-31　NB-IoT 核心网数据配置流程

一、核心网数据规划

数据规划表如表 2-3 所示。

表 2-3　数据规划表

设备	接口	IP 地址	子网掩码	备注
MME	物理接口	10.1.1.1	255.255.255.0	物理接口 IP 地址
	S11 GTP-C	1.1.1.10	255.255.255.255	MME 与 SGW 间控制面地址
	S11 GTP-U	1.1.1.11	255.255.255.255	MME 与 SGW 间用户面地址
	S6a	1.1.1.6	255.255.255.255	MME 与 HSS 间接口地址
	S1-MME	1.1.1.1	255.255.255.255	MME 与 eNodeB 间接口地址
HSS	物理接口	10.1.1.2	255.255.255.0	物理接口 IP 地址
	S6a	2.2.2.6	255.255.255.255	HSS 与 MME 间接口地址
SGW	物理地址	10.1.1.3	255.255.255.0	物理接口 IP 地址
	S5/S8 GTP-C	3.3.3.5	255.255.255.255	SGW 与 PGW 间接口地址
	S5/S8 GTP-U	3.3.3.8	255.255.255.255	SGW 与 PGW 间接口地址
	S11 GTP-C	3.3.3.10	255.255.255.255	SGW 与 MME 间控制面地址
	S11 GTP-U	3.3.3.11	255.255.255.255	SGW 与 MME 间用户面地址
	S1-U	3.3.3.1	255.255.255.255	SGW 与 eNodeB 间接口地址
PGW	物理接口	10.1.1.4	255.255.255.0	物理接口 IP 地址
	S5/S8 GTP-C	4.4.4.5	255.255.255.255	PGW 与 SGW 间接口地址
	S5/S8 GTP-U	4.4.4.8	255.255.255.255	PGW 与 SGW 间接口地址
核心层 SW	VLAN 地址	10.1.1.10	255.255.255.0	核心网设备物理接口网关地址
1 区 eNodeB	物理地址	10.10.10.10	255.255.255.0	BBU 物理接口地址
1 区接入层 PTN	VLAN 地址	10.10.10.1	255.255.255.0	1 区 BBU 设备物理接口网关地址
2 区 eNodeB	物理地址	20.20.20.20	255.255.255.0	BBU 物理接口地址
2 区接入层 PTN	VLAN 地址	20.20.20.1	255.255.255.0	2 区 BBU 设备物理接口网关地址
3 区 eNodeB	物理地址	30.30.30.30	255.255.255.0	BBU 物理接口地址
3 区接入层 PTN	VLAN 地址	30.30.30.1	255.255.255.0	3 区 BBU 设备物理接口网关地址

二、MME 数据配置

登录 IUV_NB-IOT 软件,单击上方的数据配置。

- 步骤 1.1 选择顺津市核心网机房。

进入到数据配置界面后,在左上方选择"顺津市核心网机房",如图 2-32 所示。

- 步骤 1.2 配置全局移动参数。

在网元配置中选择"MME",单击下方弹出的"全局移动参数",根据表 2-4 中的关键参数说明将数据填写完整,如图 2-33 所示。

图 2-32　顺津市核心网机房选择图

19

表 2-4　关键参数说明表

参数名称	说明	取值举例
移动国家码	根据实际填写,如中国的移动国家码为 460	460
移动网号	根据运营商的实际情况填写	01
国家码	根据实际填写,如中国的国家码为 86	86
国家目的码	根据运营商的实际情况填写	133
MME 群组 ID	在网络中标识一个 MME 群组	1
MME 代码	在网络中标识一个 MME	1

• 步骤 1.3 配置 MME 控制面地址。

完成上一步操作后,单击"MME 控制面地址",MME 的控制地址是 MME 的 S11 接口地址,根据数据规划表将数据填写完整,如图 2-34 所示。

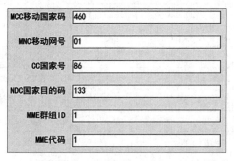

图 2-33　全局移动参数配置图　　　　　　图 2-34　MME 控制面地址配置图

• 步骤 1.4 与 eNodeB 对接配置。

完成上一步操作后,单击"与 eNodeB 对接配置",再单击 eNodeB 偶联配置,单击空白部分上方的"＋"按钮增加一个偶联配置,其中本地偶联 IP 为 S1-MME 的地址,对端偶联 IP 为 eNodeB 的物理接口地址,根据数据规划表将数据填写完整(描述自定义填写),如图 2-35 所示。

完成偶联配置后,再单击"TA 配置",单击"＋"按钮增加一个 TA 配置,其中 TAC 为四位十六进制,如图 2-36 所示。

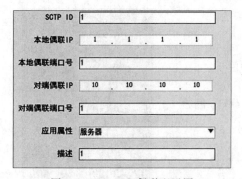 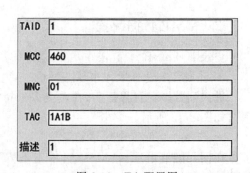

图 2-35　eNodeB 偶联配置图　　　　　　　　图 2-36　TA 配置图

- 步骤 1.5 与 HSS 对接配置。

完成上一步操作后,单击"与 HSS 对接配置",再单击"增加 diameter 连接",单击空白部分上方的"＋"按钮增加一个连接,其中偶联本端 IP 为 MME 的 S6A 地址,偶联对端 IP 为 HSS 的 S6A 地址,根据数据规划表将数据填写完整,如图 2-37 所示。

完成 diameter 连接后,再单击"号码分析配置",单击"＋"按钮增加一个号码分析,号码分析为 IMSI 的前几位(如 MCC＋MNC)地址,连接 ID 与"Diameter 连接 1"中一致,如图 2-38 所示。

- 步骤 1.6 与 SGW 对接配置。

完成上一步操作后,单击"与 SGW 对接配置",其中 S11 控制面地址为 MME 的 S11 GTP-C 地址,S11 用户面地址为 MME 的 S11 GTP-U 地址,根据数据规划表将数据填写完整,并将下方的"SGW 管理的跟踪区 TAID"选中,如图 2-39 所示。

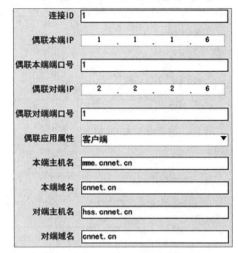

图 2-37　Diameter 连接图

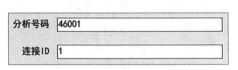

图 2-38　号码分析配置图

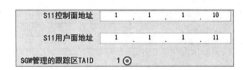

图 2-39　与 SGW 对接配置图

- 步骤 1.7 基本会话业务配置。

完成上一步操作后,单击"基本业务会话配置",再单击"APN 解析配置",单击空白部分上方的"＋"按钮增加一个 APN 解析,其中 APN 地址解析是为了寻址到 PGW,解析地址为 PGW 的 S5/S8 GTP-C 控制面地址,APN 的名称设置为 test,根据数据规划表将数据填写完整(鼠标悬停在 APN 上面时会显示 APN 的填写格式,且 MNC 不满足三位数的情况下,于前端增加 0 以补足三位数),如图 2-40 所示。

完成 APN 解析配置后,再单击"EPC 地址解析配置",单击"＋"按钮增加一个 EPC 地址解析,其中 EPC 地址解析是为了寻址到 SGW,解析地址为 SGW 的 S11 GTP-C 控制面地址,根据数据规划表将数据填写完整(鼠标悬停在 APN 上面时会显示 APN 的填写格式,tac-lbxx 和 tac-hbxx 分别代表 TAC 的后两位和前两位。l 可理解为 low 低位的简写,即 lb 的取值为 TAC 的后两位。h 可理解为 high 高位的简写,即 hb 的取值为 TAC 的前两位),如图 2-41 所示。

- 步骤 1.8 CloT 配置。

完成上一步操作后,单击"CloT 配置",由于 IUV_NB-IoT 软件只支持 CP 优化,所以其他默认选择不支持,定时器根据实际情况选择时间,如图 2-42 所示。

- 步骤 1.9 接口 IP 配置。

完成上一步操作后,单击"接口 IP 配置",接口 IP 的配置即为 MME 的物理接口配置(第 7 槽位 1 号端口),根据数据规划表将数据填写完整,如图 2-43 所示。

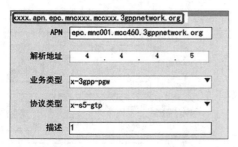

图 2-40　APN 解析配置图

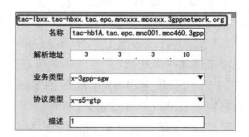

图 2-41　EPC 地址解析图

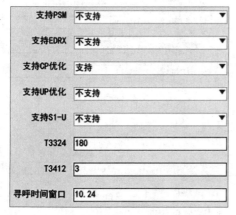

图 2-42　CIoT 配置图

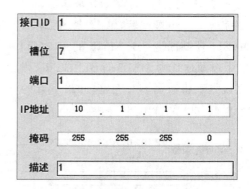

图 2-43　接口 IP 配置图

- 步骤 1.10 路由配置。

完成上一步操作后，单击"路由配置"，单击"＋"按钮增加一个路由配置，根据网元关系图可知 MME 到 SGW 网元需要两条路由配置，其中一条目的地址为 SGW 的 S11 GTP-C 控制面地址，下一跳地址为 SGW 的物理接口地址，根据数据规划表将数据填写完整，如图 2-44 所示。

MME 到 SGW 的另一条路由配置目的地址为 SGW 的 S11 GTP-U 用户面地址，下一跳为 SGW 的物理接口地址，根据数据规划表将数据填写完整，如图 2-45 所示。

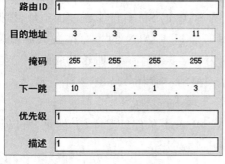

图 2-44　路由配置 1 图

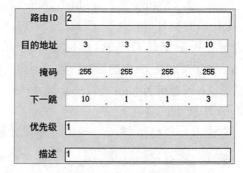

图 2-45　路由配置 2 图

根据网元关系图可知 MME 到 HSS 网元需要一条路由配置，其中目的地址为 HSS 的

S6A 地址,下一跳地址为 HSS 的物理接口地址,根据数据规划表将数据填写完整,如图 2-46 所示。

根据网元关系图可知 MME 到 eNodeB 网元需要一条路由配置,其中目的地址为 eNodeB 的 IP 地址,下一跳地址为核心 SW 的地址,根据数据规划表将数据填写完整,如图 2-47 所示。

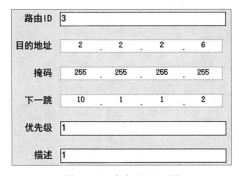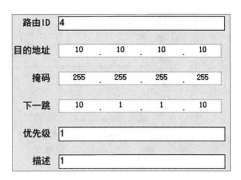

图 2-46　路由配置 3 图　　　　　　　图 2-47　路由配置 4 图

三、SGW 数据配置

• 步骤 2.1 PLMN 配置。

在网元配置中选择"SGW",单击下方的"PLMN 配置",同"MME 数据配置"中的 MCC 与 MNC 的配置一致。

• 步骤 2.2 与 MME 对接配置。

完成上一步操作后,单击"与 MME 对接配置",其中 S11 控制面地址为 SGW 的 S11 GTP-C 接口地址,S11 用户面地址为 SGW 的 S11 GTP-U 接口地址,根据数据规划表将数据填写完整,如图 2-48 所示。

• 步骤 2.3 与 eNodeB 对接配置。

完成上一步操作后,单击"与 eNodeB 对接配置",其中与 eNodeB 对接配置的地址为 SGW 的 S11-U 的用户面接口地址,根据数据规划表将数据填写完整,如图 2-49 所示。

图 2-48　与 MME 对接配置图　　　　　图 2-49　与 eNodeB 对接配置图

• 步骤 2.4 与 PGW 对接配置。

完成上一步操作后,单击"与 PGW 对接配置",其中与 PGW 对接配置的地址分别为 SGW 的 S5/S8 GTP-C 和 S5/S8 GTP-U 接口地址,根据数据规划表将数据填写完整,如图 2-50 所示。

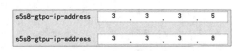

图 2-50　与 PGW 对接配置图

• 步骤 2.5 接口 IP 配置。

完成上一步操作后,单击"接口 IP 配置",接口 IP 的配置即为 SGW 的物理接口配置(第 7 槽位 1 号端口),根据数据规划表将数据填写完整,如图 2-51 所示。

• 步骤 2.6 路由配置。

完成上一步操作后，单击"路由配置"，单击"＋"按钮增加一个路由配置，根据网元关系图可知 SGW 到 eNodeB 需要一条路由配置，其中目的地址为 1 区 eNodeB 的物理地址，下一跳地址为核心层 SW 的地址，根据数据规划表将数据填写完整，如图 2-52 所示。

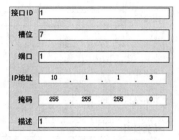

图 2-51　接口 IP 配置图

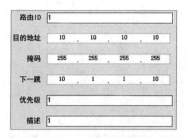

图 2-52　路由配置 1 图

根据网元关系图可知 SGW 到 MME 网元需要两条路由配置，其中一条目的地址为 MME 的 S11 GTP-C 控制面地址，下一跳地址为 MME 的物理接口地址，根据数据规划表将数据填写完整，如图 2-53 所示。

SGW 到 MME 的另一条路由配置目的地址为 MME 的 S11 GTP-U 用户面地址，下一跳为 MME 的物理接口地址，根据数据规划表将数据填写完整，如图 2-54 所示。

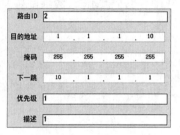

图 2-53　路由配置 2 图

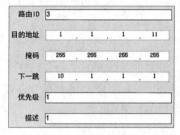

图 2-54　路由配置 3 图

根据网元关系图可知 SGW 到 PGW 网元需要两条路由配置，其中一条目的地址为 PGW 的 S5/S8 GTP-C 控制面地址，下一跳地址为 PGW 的物理接口地址，根据数据规划表将数据填写完整，如图 2-55 所示。

SGW 到 PGW 的另一条路由配置目的地址为 PGW 的 S5/S8 GTP-U 用户面地址，下一跳为 PGW 的物理接口地址，根据数据规划表将数据填写完整，如图 2-56 所示。

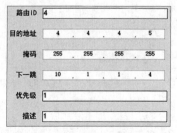

图 2-55　路由配置 4 图

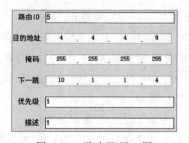

图 2-56　路由配置 5 图

四、PGW 数据配置

• 步骤 3.1 PLMN 配置。

在网元配置中选择"PGW",单击下方的 PLMN 配置,同"MME 数据配置"中的 MCC 与 MNC 的配置一致。

• 步骤 3.2 与 SGW 对接配置。

完成上一步操作后,单击"与 SGW 对接配置",其中与 SGW 对接配置的地址分别为 PGW 的 S5/S8 GTP-C 和 S5/S8 GTP-U 接口地址,根据数据规划表将数据填写完整,如图 2-57 所示。

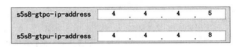

图 2-57　与 SGW 对接配置图

• 步骤 3.3 地址池配置。

完成上一步操作后,单击"地址池配置",其中 APN 名称必须与 MME 中的 APN 解析名称一致,地址池中的地址不可与网络中其他地址重复,如图 2-58 所示。

• 步骤 3.4 接口 IP 配置。

完成上一步操作后,单击"接口 IP 配置",接口 IP 的配置即为 PGW 的物理接口配置(第 7 槽位 1 号端口),根据数据规划表将数据填写完整,如图 2-59 所示。

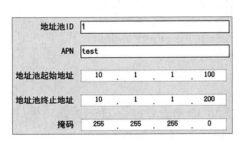

图 2-58　地址池配置图

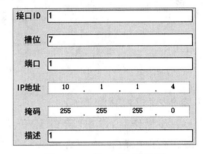

图 2-59　接口 IP 配置图

• 步骤 3.5 路由配置图。

完成上一步操作后,单击"路由配置",单击"+"按钮增加一个路由配置,根据网元关系图可知 PGW 到 SGW 网元需要两条路由配置,其中一条目的地址为 SGW 的 S5/S8 GTP-C 控制面地址,下一跳地址为 SGW 的物理接口地址,根据数据规划表将数据填写完整,如图 2-60 所示。

PGW 到 SGW 的另一条路由配置目的地址为 SGW 的 S5/S8 GTP-U 用户面地址,下一跳为 SGW 的物理接口地址,根据数据规划表将数据填写完整,如图 2-61 所示。

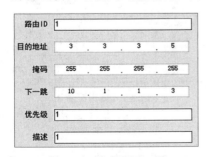

图 2-60　路由配置 1 图

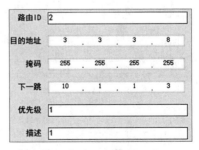

图 2-61　路由配置 2 图

五、HSS 数据配置

- 步骤 4.1 与 MME 对接配置。

在网元配置中选择"HSS",单击下方的"与 MME 对接配置",其中本端偶联地址为 HSS 的 S6A 接口地址,对端偶联地址为 MME 的 S6A 接口地址,根据数据规划表将数据填写完整,如图 2-62 所示。

SCTP ID	1
Diameter偶联本端IP	2 . 2 . 2 . 6
Diameter偶联本端端口号	1
Diameter偶联对端IP	1 . 1 . 1 . 6
Diameter偶联对端端口号	1
Diameter偶联应用属性	服务器 ▼
本端主机名	hss.cnnet.cn
本端域名	cnnet.cn
对端主机名	mme.cnnet.cn
对端域名	cnnet.cn

图 2-62 与 MME 对接配置图

- 步骤 4.2 接口 IP 配置。

完成上一步操作后,单击"接口 IP 配置",接口 IP 的配置即为 HSS 的物理接口配置(第 7 槽位 1 号端口),根据数据规划表将数据填写完整,如图 2-63 所示。

- 步骤 4.3 路由配置。

完成上一步操作后,单击"路由配置",单击"＋"按钮增加一个路由配置,根据网元关系图可知 HSS 到 MME 网元需要一条路由配置,其中目的地址为 MME 的 S6A 地址,下一跳地址为 MME 的物理接口地址,根据数据规划表将数据填写完整,如图 2-64 所示。

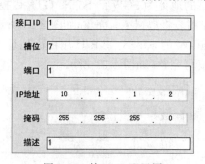

图 2-63 接口 IP 配置图

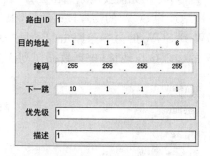

图 2-64 路由配置图

- 步骤 4.4 APN 管理配置。

完成上一步操作后,单击"APN 管理",其中 APN 名称需与地址池名称保持一致,QoS 码只能选择 QCI8 和 QCI9 其中的一个,如图 2-65 所示。

- 步骤 4.5 Profile 管理配置。

完成上一步操作后,单击"Profile 管理",其中 APN 的 IP 需与 APN 管理中的 ID 对应,如图 2-66 所示。

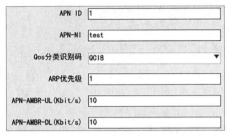

APN ID	1
APN-NI	test
Qos分类识别码	QCI8
ARP优先级	1
APN-AMBR-UL(Kbit/s)	10
APN-AMBR-DL(Kbit/s)	10

Profile ID	1
对应APNID	1
EPC频率选择优先级	1
UE-AMBR UL(Kbit/s)	500
UE-AMBR DL(Kbit/s)	500

图 2-65 APN 管理配置图   图 2-66 Profile 管理图

- 步骤 4.6 签约用户管理配置。

完成上一步操作后,单击"签约用户管理",其中 Profile ID 号必须与 Profile 管理中的 ID 号对应,鉴权信息中 KI 为 32 位 16 进制数,鉴权算法默认为 Milenage,如图 2-67 所示。

六、三层交换机配置

- 步骤 5.1 物理接口配置。

在网元配置中选择"SWITCH",单击下方的"物理接口配置",其中核心网 MME、SGW、PGW、HSS

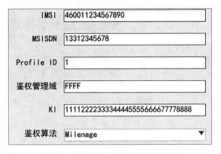

IMSI	460011234567890
MSISDN	13312345678
Profile ID	1
鉴权管理域	FFFF
KI	11112222333344445555666677778888
鉴权算法	Milenage

图 2-67 签约用户管理图

的物理接口属于同一网段,接口关联的 VLAN 必须设为同一个数值,如图 2-68 所示。

物理接口配置

接口ID	接口状态	光/电	VLAN模式	关联VLAN	接口描述
10GE-1/1	up	光	access	10	TO MME
10GE-1/2	down	光	access	1	
10GE-1/3	down	光	access	1	
10GE-1/4	down	光	access	1	
10GE-1/5	down	光	access	1	
10GE-1/6	down	光	access	1	
40GE-1/7	down	光	access	1	
40GE-1/8	down	光	access	1	
40GE-1/9	down	光	access	1	
40GE-1/10	down	光	access	1	
40GE-1/11	down	光	access	1	
40GE-1/12	down	光	access	1	
100GE-1/13	up	光	access	10	TO SGW
100GE-1/14	down	光	access	1	
100GE-1/15	up	光	access	10	TO PGW
100GE-1/16	down	光	access	1	
100GE-1/17	up	光	access	10	TO ODF
100GE-1/18	down	光	access	1	
RJ45-1/19	up	电	access	10	TO HSS

图 2-68 物理接口配置图

• 步骤 5.2 逻辑接口配置。

完成上一步操作后,单击"逻辑接口配置",再单击"VLAN 三层接口",最后单击"＋"添加一条 VLAN,根据图 2-69 进行配置。

图 2-69 VLAN 三层接口配置图

• 步骤 5.3 静态路由配置。

完成上一步操作后,单击"静态路由配置",单击"＋"添加两条路由配置,其中一条目的地址为 MME 的 S1-MME 接口地址,下一跳为 MME 的物理接口地址。另一条目的地址为 SGW 的 S1-U 接口地址,下一跳为 SGW 的物理接口地址,根据数据规划表将数据填写完整,如图 2-70 所示。

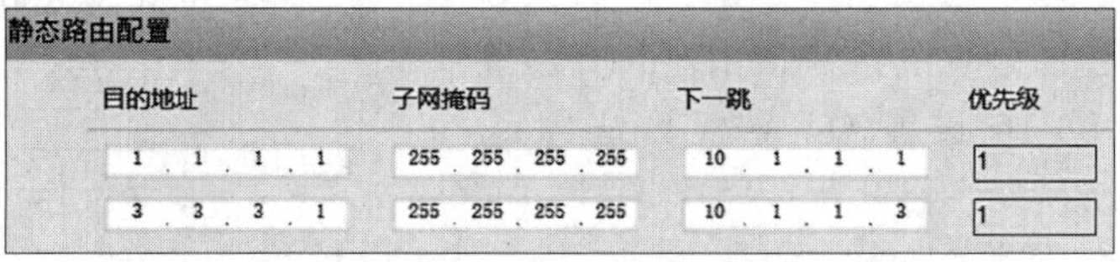

图 2-70 静态路由配置图

• 步骤 5.4 OSPF 路由配置。

完成上一步操作后,单击"OSPF 路由配置",单击"OSPF 全局配置",配置 IP 地址并选中静态重分发,根据数据规划表将数据填写完整,如图 2-71 所示。

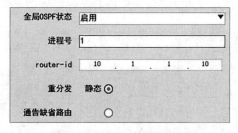

图 2-71 OSPF 全局配置图

单击"OSPF 接口配置",启用 OSPF 接口的状态,如图 2-72 所示。

图 2-72 OSPF 接口配置图

【任务拓展】

思考一下,核心网的交换机可以是两层的吗?

【任务测验】

1. MME 需要配置几条路由？（　　　）

A. 2　　　　　　　B. 3　　　　　　　C. 4　　　　　　　D. 5

2. NB-IoT 系统核心网主要包括（　　　）网元？

A. MME　　　　　B. SGW　　　　　C. PGR　　　　　D. SCEF

答案：

1. C；2. ABCD。

任务 2.3　NB-IoT 无线站点数据配置

【任务描述】

本任务以开通 NB-IoT 无线接入网功能为目标，旨在训练 NB-IoT 无线站点的数据配置。通过此任务，可以加深对 NB-IoT 基站设备功能和关键参数的认识，了解 NB-IoT 的基站配置方法。

【任务准备】

完成本任务，需要准备以下知识：

(1) 了解 NB-IoT 无线接入网的组成；

(2) 了解 NB-IoT 的参数规划原则；

(3) 了解 NB-IoT 的无线频谱规划。

一、参数规划

NB-IoT 参数规划一般包括小区 ID 规划、PCI 规划、TAC 规划和导频功率配置规划。

1. 小区 ID 规划

小区 ID 规划方式与 LTE 一致，但要注意 ID 号不能与 LTE 小区一致。

2. PCI 规划

相邻小区不能配置相同的 PCI，目前 NB-IoT 的 PCI 只能和 LTE 保持一致。

3. TAC 规划

协议规定 NB 的跟踪区标识(Tracking Area Identity，TAI)必须和 LTE 不同。TAI 的构成为移动国家码(MCC)＋移动网络号(MNC)＋跟踪区域码(TAC)。介于 eNodeB 的空口能力受限，建议 20 个 NB-IoT 基站(单基站 3 个小区)规划为 1 个 TAC。

4. 导频功率配置规划

可以根据公式：NB-IoT 导频功率(dBm)＝$10 \times \log$(NB-IoT 载波总功率(mW)/12)，设置相应的导频功率。在没有额外系统外干扰场景下，建议预留 2～7 dB 的余量。

二、无线频谱规划

为了规范频率的使用,将整个频率范围划分为若干个"频段",并用数字来进行标识。在 LTE 系统中,使用数字 1～43 来标识不同的频段。每个频段是一段连续的频率,代表了无线设备的最低工作频率到最高工作频率之间的范围。根据 R13 标准,NB-IoT 优先支持 LTE 的 1、2、3、5、8、12、13、17、18、19、20、26、28 号频段,如表 2-5 所示。可见,NB-IoT 的频段主要集中于低频段。

表 2-5　NB-IoT 频段

频段	双工模式	下行			上行		
		$F_{DL\_low} - F_{DL\_high}$（MHz）	$N_{Offs-DL}$	N_{DL}	$F_{UL\_low} - F_{UL\_high}$（MHz）	$N_{Offs-UL}$	N_{DL}
1	FDD	2 110～2 170	0	0～599	1 920～1 980	18 000	18 000～18 599
2	FDD	1 930～1 990	600	600～1 199	1 850～1 910	18 600	18 600～19 199
3	FDD	1 805～1 880	1 200	1 200～1 949	1 710～1 785	19 200	19 200～19 949
5	FDD	869～894	2 400	2 400～2 649	824～849	20 400	20 400～20 649
8	FDD	925～960	3 450	3 450～3 799	880～915	21 450	21 450～21 799
12	FDD	729～746	5 010	5 010～5 179	699～716	23 010	23 010～23 179
13	FDD	746～756	5 180	5 180～5 279	777～787	23 180	23 180～23 279
17	FDD	734～746	5 730	5 730～5 849	704～716	23 730	23 730～23 849
19	FDD	875～890	6 000	6 000～6 149	830～845	24 000	24 000～24 149
20	FDD	791～821	6 150	6 150～6 449	832～862	24 150	24 150～24 449
26	FDD	859～894	8 690	8 690～9 039	814～849	26 690	26 690～27 039
28	FDD	758～803	9 210	9 210～9 659	703～748	27 210	27 210～27 659

在实际应用中,设备只在规定频段的某一段频率上工作,这段频率被称为"频带带宽"或者"带宽"。在不同的系统中,根据业务和应用场景的需求,带宽的大小具有明显的差别。例如,LTE 系统采用灵活可变的带宽配置方式来适应不同频率的应用场景,可以支持的最大带宽为 20 MHz,最小带宽为 1.25 MHz;而 NB-IoT 系统则采用 180 kHz 的带宽。

为了便于频率的统一管理,用载波频率号(EARFCN)对系统实际工作的频率范围进行唯一标识,简称"频点"。由此可以看出,频点是一个编号,代表的是一段频率范围,并非一个频率。

为了进一步明确频点的具体位置,可以用对应频率范围的中点值来描述,称为载波中心频率,也称为中心频率或者载波频率。显然,频点与中心频率之间存在着一一对应的关系。从图 2-73 中可以看出,无论是上行链路,还是下行链路,都可以表达为公式:中心频率 F＝起始频率 F_{low}＋频率栅格×(频点 N－频点偏移量 N_{Offs})。

起始频率对应的是某一个频段的起始值。频率栅格(Raster)是用于调整载波频率的最小单位,在 LTE 和 NB-IoT 系统中大小是 100 kHz。需要注意的是,公式中的中心频率、起始频率和频率栅格的计量单位都是 MHz。因此,公式中频率栅格的取值为 0.1 MHz。在这个公式中,还定义了一个称为"频点偏移量"的参数。它表征的是每个频段起始频率对应的频点。这是因为,系统可以使用的频段是不连续的,但频点必须保证连续性。如果没有对每个频段的频点偏移量进行定义,将会发生频点不连续的现象。

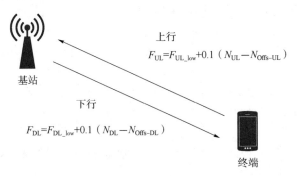

基站

上行
$F_{UL}=F_{UL\_low}+0.1\left(N_{UL}-N_{Offs-UL}\right)$

下行
$F_{DL}=F_{DL\_low}+0.1\left(N_{DL}-N_{Offs-DL}\right)$

终端

图 2-73　频点与中心频率的关系

【任务实施】

NB-IoT 无线站点数据配置流程如图 2-74 所示。

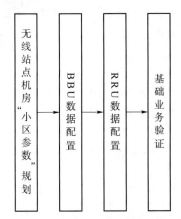

图 2-74　NB-IoT 无线站点数据配置流程

一、无线站点机房"小区参数"规划

为了完成本任务,需先进行对无线站点机房"小区参数"进行规划,如表 2-6 所示。

表 2-6　无线站点机房"小区参数"配置表

eNodeB 标识	移动国家码 MCC	移动网络号 MNC	RRU 频段/MHz	小区分类	小区 ID	TAC	PCI	频段	上行载频	下行载频	管理状态	功率/dBm
1	460	01	1 900~2 200	小区 1	1	1A1B	1	1	1950	2150	解关断	15.2
				小区 2	2	1A1B	4	1	1950	2150	解关断	32.2
				小区 3	3	1A1B	3	1	1970	2156	解关断	29.2

二、BBU 数据配置

登录 IUV_NB-IOT 软件,单击上方的数据配置。

- 步骤 1.1 选择顺津市 1 区 c 站点(无线)机房。

进入到数据配置界面后,在左上方选择"顺津市 1 区 c 站点(无线)机房",同"顺津市核心网机房"的选择一样。

- 步骤 1.2 网元管理配置。

单击网元配置中的"BBU",再单击下方的网元管理,其中无线制式选择"NB-IoT",根据关键参数说明表将数据填写完整,如图 2-75 所示。

- 步骤 1.3 IP 配置。

完成上一步操作后,单击"IP 配置",其中网关地址为接入层的 PTN 地址,根据数据规划表将数据填写完整,如图 2-76 所示。

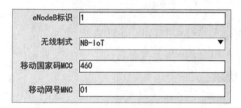

图 2-75　网元管理配置图

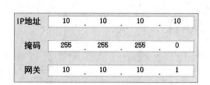

图 2-76　IP 配置图

- 步骤 1.4 对接配置。

完成上一步操作后,单击"对接配置",再单击"SCTP 配置",其中 SCTP 是与核心网 MME 的对接配置,远端 IP 地址为 S1-MME 的地址,根据数据规划表将数据填写完整,如图 2-77 所示。

完成 SCTP 配置后,单击"静态路由",其中目的 IP 地址为 S1-U 的地址,下一跳地址为接入层的 PTN 的地址,根据数据规划表将数据填写完整,如图 2-78 所示。

图 2-77　SCTP 配置图

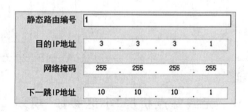

图 2-78　静态路由配置图

- 步骤 1.5 物理参数配置。

完成上一步操作后,单击"物理参数",根据 RRU 设备连接情况选中对应的光口使能,其中承载链路端口选择"传输光口"(需结合设备连线进行选择,BBU 与 PTN 间采用光纤连接则选择传输光口,采用以太网线连接则选择传输网口),如图 2-79 所示。

图 2-79　物理参数配置图

- 步骤 1.6 无线参数配置。

完成上一步操作后,单击"无线参数",再单击"NB-IoT",其中需要注意 TAC 需与核心网

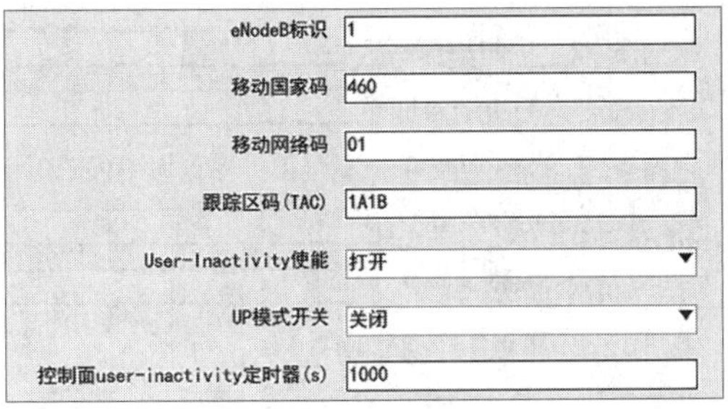

图 2-80 NB-IoT 配置图

MME 中的 TA 保持一致,根据关键参数说明表将数据填写完整,如图 2-80 所示。

完成 NB-IoT 的配置后,单击"系统消息",其中操作模式选择"standalone_r13"(可支持小区中所有的功率设置。若选择其他操作模式,小区功率最高只能支持 18.2 W),如图 2-81 所示。

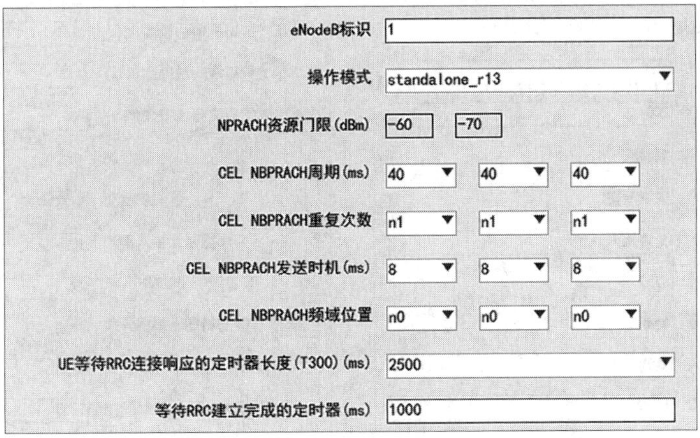

图 2-81 系统消息配置

完成系统消息的配置后,单击"E-UTRANNB-IoT 小区",再单击:"+"添加 3 个小区(设备配置中配置了 3 个 RRU),其中 TAC 注意保持与之前的配置一致,管理状态选择"解关断",小区禁止接入指示选择"允许接入",根据无线站点机房小区参数配置表完成小区 1 的数据填写,如图 2-82 所示。

完成小区 1 的配置后,单击右上角的"复制配置",修改小区 ID、链路光口、PCI、信号功率和小区支持覆盖增强开关,完成小区 2 和小区 3 的配置,根据无线站点机房小区参数配置表完成数据填写,如图 2-83 和图 2-84 所示。

完成 E-UTRANNB-IoT 小区配置后,单击"E-UTRAN 小区重选",再单击上方的"+"增加小区重选配置 1,如图 2-85 所示。

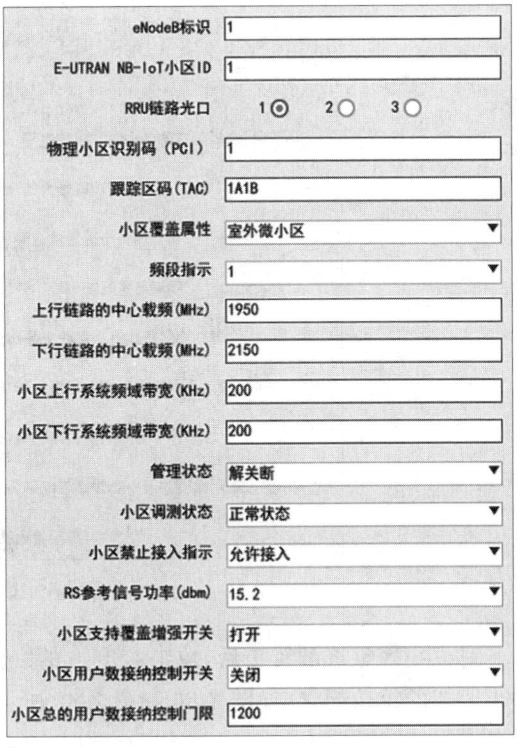

图 2-82 小区 1 配置结果图

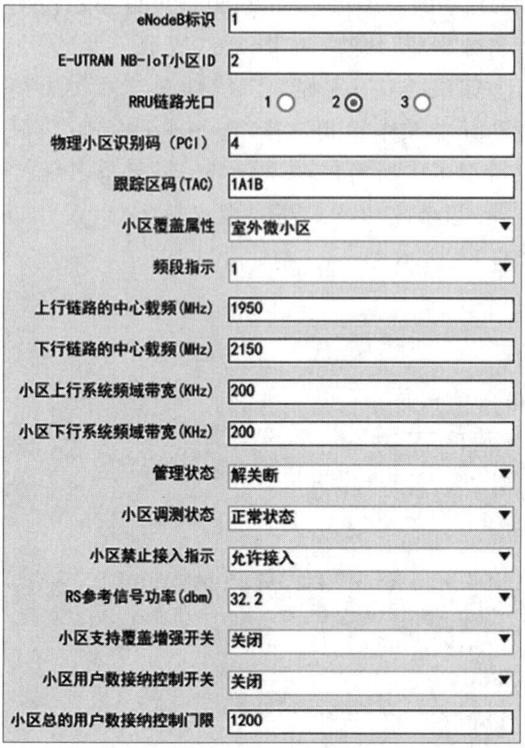

图 2-83 小区 2 配置结果图

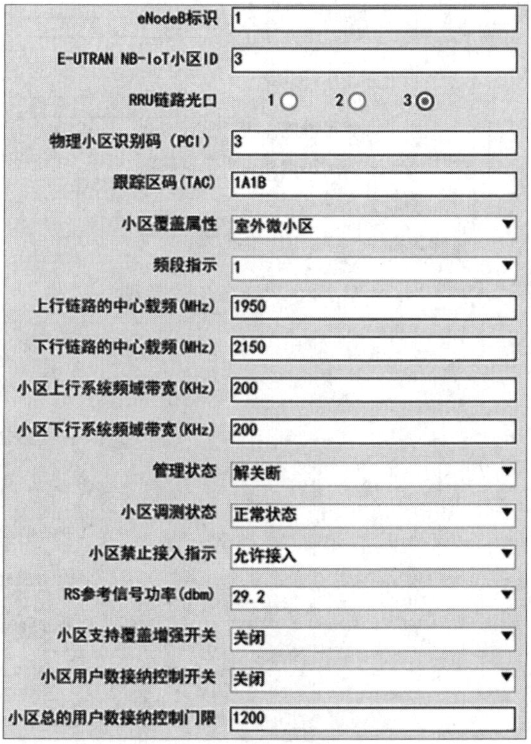

图 2-84 小区 3 配置结果图

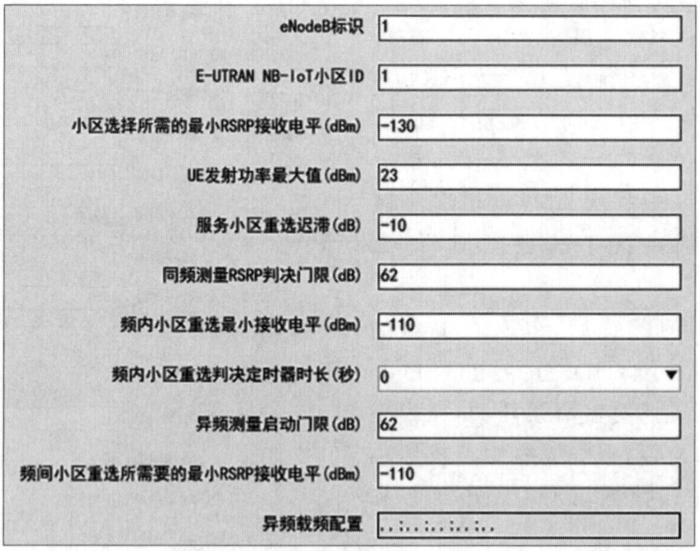

图 2-85 小区重选配置 1 图

完成小区重选配置 1 后,单击右上方的"复制配置",修改小区间差异的参数,完成小区 2 和小区 3 的重选配置,如图 2-86 和图 2-87 所示。

eNodeB标识	1
E-UTRAN NB-IoT小区ID	2
小区选择所需的最小RSRP接收电平(dBm)	-130
UE发射功率最大值(dBm)	23
服务小区重选迟滞(dB)	-10
同频测量RSRP判决门限(dB)	62
频内小区重选最小接收电平(dBm)	-110
频内小区重选判定时器时长(秒)	0
异频测量启动门限(dB)	62
频间小区重选所需要的最小RSRP接收电平(dBm)	-110
异频载频配置	

图 2-86　小区重选配置 2 图

eNodeB标识	1
E-UTRAN NB-IoT小区ID	3
小区选择所需的最小RSRP接收电平(dBm)	-140
UE发射功率最大值(dBm)	23
服务小区重选迟滞(dB)	10
同频测量RSRP判决门限(dB)	62
频内小区重选最小接收电平(dBm)	-120
频内小区重选判定时器时长(秒)	3
异频测量启动门限(dB)	62
频间小区重选所需要的最小RSRP接收电平(dBm)	-140

异频载频配置	邻区频段指示	频间频率偏移 (db)	下行中心载频(MHz)
	8	0	942.5

图 2-87　小区重选配置 3 图

三、RRU 数据配置

- 步骤 2.1 射频配置。

在网元配置中选择"RRU1"，单击下方的"射频配置"，其中"支持频段范围"需满足小区配置过程中使用的频段，"RRU 收发模式"需与实际的设备连线相对应，RRU2 与 RRU3 的数据配置与 RRU1 完全相同，如图 2-88 所示。

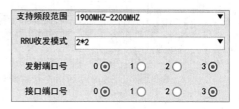

图 2-88　RRU1 配置完成图

四、基础业务验证

登录 IUV_NB-IOT 软件,单击上方的业务调试。

- 步骤 3.1 选择业务验证。

进入到业务调试页面后,单击左边的"业务验证",如图 2-89 所示。

图 2-89 业务验证选择图

- 步骤 3.2 终端配置。

完成上一步操作后,将右上角的模式选择更改为"实验模式",根据核心网 HSS 中的"签约用户管理"配置,完成终端配置数据的填写,如图 2-90 和图 2-91 所示。

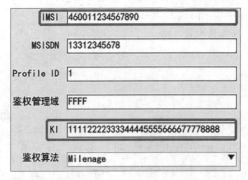

图 2-90 HSS 的签约用户管理配置图

图 2-91 终端配置完成图

• 步骤 3.3 Attach 和 Ping 测试。

完成上一步操作后,将右上方的终端设备依次拖动至 C1、C2 和 C3 小区上,并为每个小区进行"Attach 测试"和"Ping 测试",当测试结果为"100%"时,则测试成功,如图 2-92 和图 2-93 所示。

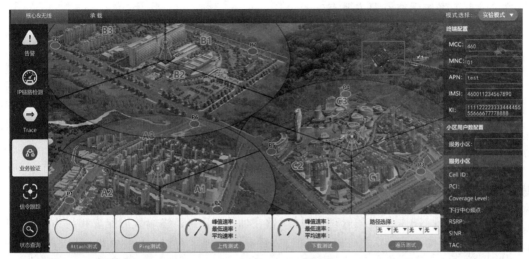

图 2-92　终端设备所处位置图

图 2-93　小区测试结果图

【任务拓展】

思考一下,Attach 测试成功后,Ping 测试一定会成功吗?

【任务测验】

1. NB-IoT 上行子载波可能有（　　）个？

A. 6 　　　　　　　 B. 12 　　　　　　　 C. 24 　　　　　　　 D. 48

2. NB-IoT 系统无线资源主要有（　　）。

A. 时隙 　　　　　　 B. 子载波 　　　　　 C. 天线端口 　　　　 D. 码道

答案：

1. BD；2. ABC。

任务 2.4　物联网应用管理

【任务描述】

本任务以实现 NB-IoT 应用管理为目标，旨在训练 NB-IoT 终端数据配置和行为管理。通过此任务，可以加深对 NB-IoT 应用的认识，了解通过管理平台对 NB-IoT 终端进行管理的具体内容。

【任务准备】

完成本任务，需要准备以下知识：

（1）了解 NB-IoT 终端设备的数据配置的内容；

（2）了解 NB-IoT 的应用案例。

【任务实施】

物联网应用管理实验流程如图 2-94 所示。

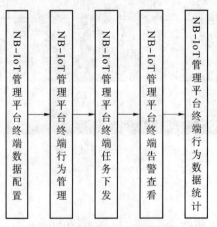

图 2-94　物联网应用管理实验流程

为了完成本任务,需要如表 2-7 所示的终端信息表。

表 2-7 终端信息表

移动国家码 MCC	移动网络号 MNC	APN	IMSI	终端名称	终端类型	终端位置
460	01	test	460011234567890	MS1	智能门锁	C1
			460011234567891	SB1	智能水表	C1
			460011234567892	DB1	智能电表	C1
			460011234567893	DC1	共享单车	C1
			460011234567894	BC1	自动泊车	C1
			460011234567895	MS2	智能门锁	C2
			460011234567896	SB2	智能水表	C2
			460011234567897	DB2	智能电表	C2
			460011234567898	DC2	共享单车	C2
			460011234567899	BC2	自动泊车	C2

一、NB-IoT 管理平台终端数据配置

· 步骤 1.1 终端用户开户信息填写。

在 IUV_NB-IoT 软件中,单击“数据配置”,选择“顺津市核心网机房”,在网元配置选择“HSS”,在下方单击签约用户管理,单击上方的“+”增加十条用户信息(每个用户信息只需修改 IMSI 即可,即将 IMSI 的最后一位从 0 到 9 依次修改),根据终端信息表将数据填写完整,如图 2-95 所示。

图 2-95 终端用户信息 1 图

· 步骤 1.2 终端信息填写。

单击软件上方的“管理平台”,再单击左侧物联网管理平台中的“终端管理”,进入到终端管理界面,在“终端管理”界面单击“+”新增十个终端配置,根据终端信息表将数据填写完整,如图 2-96 所示。

编号	名称	类型	终端位置	MNC	MCC	APN	IMSI
	终端位置：全部 ▼	终端类型：全部 ▼					
1	SB1	智能水表 ▼	C1 ▼	01	460	test	460011234567891
2	DB1	智能电表 ▼	C1 ▼	01	460	test	460011234567892
3	DC1	共享单车 ▼	C1 ▼	01	460	test	460011234567893
4	BC1	自动泊车 ▼	C1 ▼	01	460	test	460011234567894
5	MS2	智能门锁 ▼	C2 ▼	01	460	test	460011234567895
6	SB2	智能水表 ▼	C2 ▼	01	460	test	460011234567896
7	DB2	智能电表 ▼	C2 ▼	01	460	test	460011234567897
8	DC2	共享单车 ▼	C2 ▼	01	460	test	460011234567898
9	BC2	自动泊车 ▼	C2 ▼	01	460	test	460011234567899
10	MS1	智能门锁 ▼	C1 ▼	01	460	test	460011234567890

图 2-96　终端管理配置完成图

二、NB-IoT 管理平台终端行为管理

- 步骤 2.1 终端类型查看。

在物联网管理平台中选择"行为管理"，通过下拉选择可以看到终端所在的位置和类型，如图 2-97 所示。

图 2-97　终端类型图

- 步骤 2.2 终端信息查看(C1 和 C2 操作相同)。

完成上一步操作后，在"终端类型"选择"智能门锁"，在终端名称选择"MS1"，单击"开锁"查看终端信息变化(智能水表、智能电表、共享单车和自动泊车的查看操作都相同)，如图 2-98 和图 2-99 所示。

图 2-98　智能门锁信息查看图(一)

图 2-99　智能门锁信息查看图(二)

三、NB-IoT 管理平台终端任务下发

• 步骤 3.1 任务管理配置。

在物联网管理平台中选择"任务管理",单击右方的"＋"新增两条任务,按需对终端进行任务配置,其中涵盖终端编号出可以添加多个终端,但各个终端需处于同一个小区且为相同的终端类型,添加格式为"1,2,3……",如图 2-100 所示。

任务名称	涵盖终端编号	任务类型	任务周期	任务时长	
任务下发测试1	2	数据上报 ▼	6小时 ▼	7天 ▼	下发任务
任务下发测试2	2	系统更新 ▼	1小时 ▼	30天 ▼	下发任务

图 2-100　任务管理配置图

- 步骤 3.2 任务下发。

完成上一步操作后,单击后边绿色方框中的下发任务,可以查看任务执行信息,如图 2-101 和图 2-102 所示。

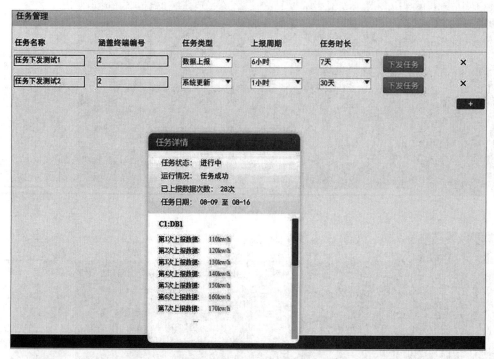

图 2-101　数据上报信息图

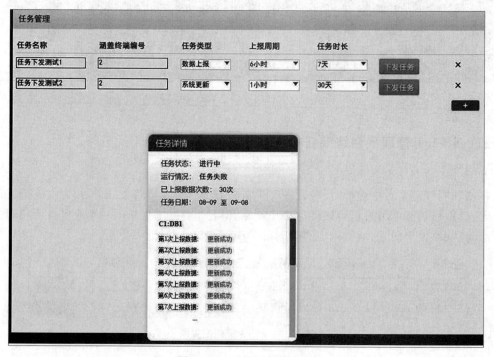

图 2-102　系统更新信息图

四、NB-IoT 管理平台终端告警查看

• 步骤 4.1 行为管理状态异常示例查看。

在物联网管理平台中选择“行为管理”，单击对应操作后(例如智能门锁的“开锁”，智能水表的“上传”)，终端状态不能正常更新，异常信息显示有异常，如图 2-103 所示。

在物联网管理平台中选择“任务管理”，任务下发操作时，任务详细里提示任务失败，如图 2-104 所示。

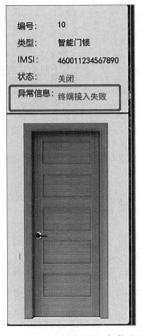

图 2-103　行为管理异常信息图

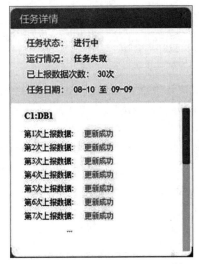

图 2-104　任务失败信息图

• 步骤 4.2 终端告警查看。

在物联网管理平台中选择“告警信息”，可以查看终端对应的位置，行为管理异常、任务下发失败的具体原因以及告警的类型，如图 2-105 所示。

告警位置: 全部　告警类型: 全部

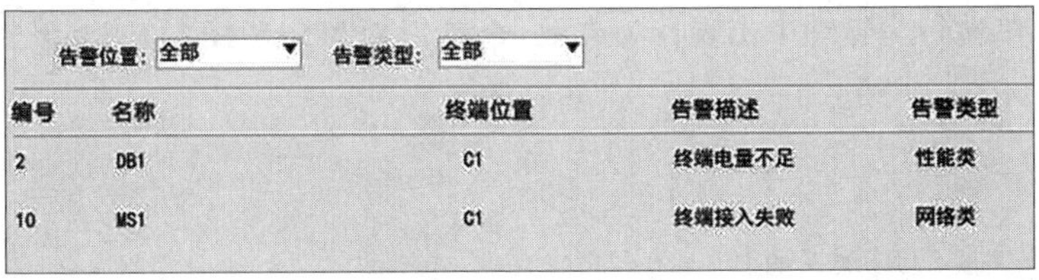

编号	名称	终端位置	告警描述	告警类型
2	DB1	C1	终端电量不足	性能类
10	MS1	C1	终端接入失败	网络类

图 2-105　告警信息图

五、NB-IoT 管理平台终端行为数据统计

• 步骤 5.1 终端行为数据统计。

在物联网管理平台中选择“数据统计”，可以查看所有终端的业务请求次数、业务成功数、业务成功率等信息，如图 2-106 和图 2-107 所示。

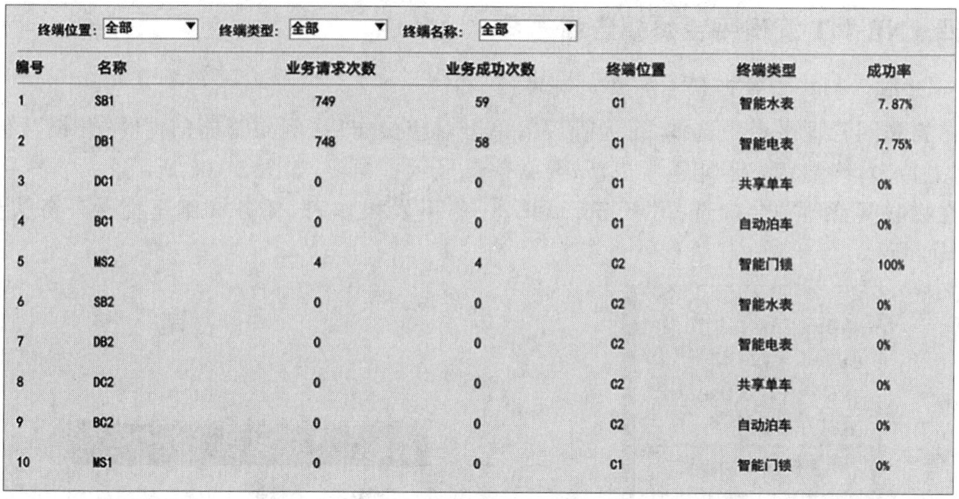

终端位置: 全部 终端类型: 全部 终端名称: 全部

编号	名称	业务请求次数	业务成功次数	终端位置	终端类型	成功率
1	SB1	749	59	C1	智能水表	7.87%
2	DB1	748	58	C1	智能电表	7.75%
3	DC1	0	0	C1	共享单车	0%
4	BC1	0	0	C1	自动泊车	0%
5	MS2	4	4	C2	智能门锁	100%
6	SB2	0	0	C2	智能水表	0%
7	DB2	0	0	C2	智能电表	0%
8	DC2	0	0	C2	共享单车	0%
9	BC2	0	0	C2	自动泊车	0%
10	MS1	0	0	C1	智能门锁	0%

图 2-106　数据统计界面图

在数据统计页面可以通过单击上方的终端位置、终端类型和终端名称对所需终端信息进行筛选,如图 2-107 所示。

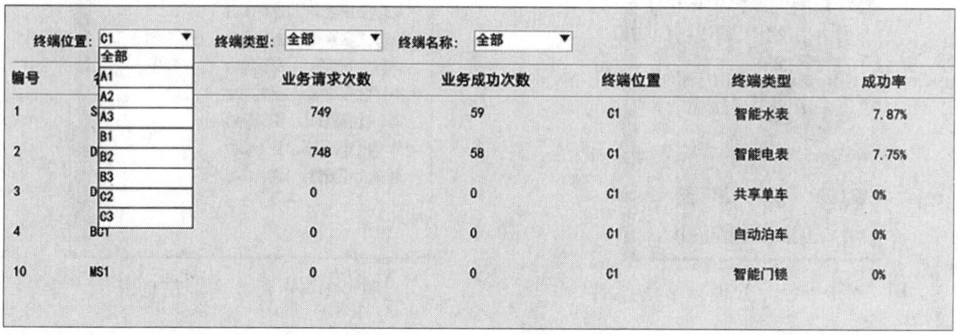

图 2-107　终端筛选图

【任务拓展】

思考一下,终端行为管理中出现行为失败,查看告警为终端接入失败,该告警的可能原因有哪些?

【任务测验】

1. NB-IoT 主要应用场景有(　　)。

A. 智能抄表　　B. 智能停车　　C. 智能自动驾驶　　D. 视频监控传输

2. 共享单车系统方案设计包括(　　)。

A. 单车　　B. 后台　　C. 单车锁　　D. 移动 APP

答案:

1. AB; 2. BCD。

项目 3 网—5G 站点工程技术

任务 3.1 室外宏站站点勘察

【任务描述】

本任务以勘察室外宏站为目标,旨在训练宏站勘察的方法。通过此任务,可以加深对室外宏站勘察流程和内容的认识,熟悉勘察工具的使用方法。

【任务准备】

完成本任务,需要准备以下知识:

(1)了解室外宏站站点勘察流程;

(2)了解勘察工具(图 3-1)及使用方法。

表 3-1　勘察工具

序号	名称	用途
1	GPS 手持接收机	确定基站的经纬度和海拔高度。尽量在开阔处使用,以确保尽快获得当时位置的经纬度数据,一般来说要测到四颗卫星的信号才能计算出经纬度
2	指南针	确定天线方位角。测量时必须水平放置罗盘,注意避免电磁干扰对其结果的影响。如机房内干扰严重,室内与室外的数据不一致时,以室外数据为准
3	笔记本计算机	记录、保存和输出数据
4	卷尺	测量长度信息,建议带 30 m 以上皮尺
5	数码相机	拍摄基站周围无线传播环境、天面信息以及共站址信息
6	笔和纸	记录数据和绘制草图
7	激光测距仪	测量建筑物高度以及周围建筑物距离,勘察站点的距离等
8	望远镜	观察周围环境。建议配置带测距功能的望远镜,方便工作
9	角度仪	测量角度,可用于推算建筑物高度

【任务实施】

室外宏站站点勘察流程如图 3-1 所示。

一、站点选址

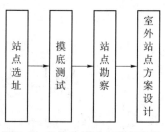

图 3-1　室外宏站站点勘察流程

- 步骤 1.1 新建宏站。

登录 Project5GPro 平台,单击新建存档。

新建存档后,进入建站方式选择界面,选择"新建宏站",操作如图 3-2 所示。

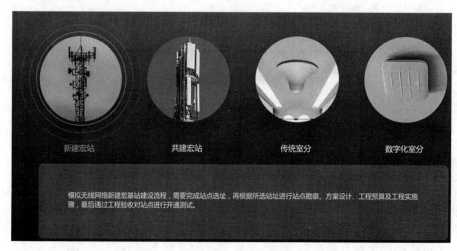

图 3-2　新建宏站示意图

- 步骤 1.2 阅读 5G 宏站站点的通知。

选择完建站方式后,进入到关于建设 5G 宏站站点的通知,阅读此条例后单击"收到"按钮,如图 3-3 所示。

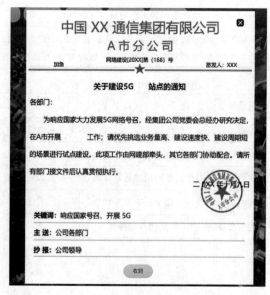

图 3-3　站点通知

- 步骤 1.3 选择场景。

完成上一步操作后,进入小学校园、酒店、住宅小区、写字楼、商业广场五个场景的选择界面,选择其中一个场景进入。下面以商业广场为例,如图 3-4 所示。

图 3-4　场景选择

- 步骤 1.4 查看场景信息。

进入商业广场之后,可以看到"商业广场"具体场景情况以及该场景下的各类信息,根据所提供的信息考虑该场景是否适合建站,从商业广场场景提供的信息来看,适合建站,不会扰乱周围居民生活,也不会引起投诉等。单击感叹号,信息如图 3-5 所示。

图 3-5　场景信息

二、摸底测试

- 步骤 2.1 选择测试网络和设备并查看布局信息。

摸底测试需要选择对应的测试网络和测试设备。其中室外宏站站点进行摸底测试涉及测试网络为 5GNR,测试设备需要笔记本计算机、5G 全网通手机、USB 接口 GPS 和 5G 全网通 SIM 卡。

操作:选择对应测试网络和测试设备,单击开始摸底测试,进入到商业广场参考信号接收功率图,可查看商业广场的布局等信息,单击"确定"按钮在此建站,如图 3-6 和图 3-7 所示。

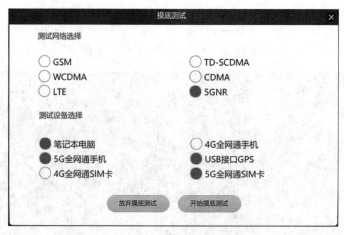

图 3-6　摸底测试

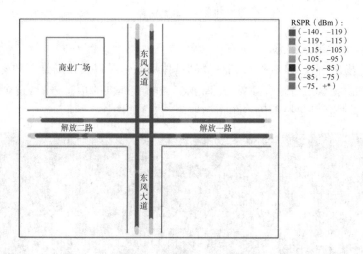

图 3-7　商业广场参考信号接收功率

- 步骤 2.2 工程规划。

工程规划的主要目标是对建筑物的规划,规划信息包含建筑地下层数、单小区最大用户数、小区带宽预留比、规划频段、建筑地上楼层数、电梯平均数等信息。完成上一步操作后,即可到达工程规划界面,工程规划可以选择默认,也可选择自定义,如图 3-8 所示。完成后单击"确定"按钮,进入站点勘察界面后可以单击工程规划再次查看,但此处只能查看无法修改,如图 3-9 所示。

三、站点勘察

- 步骤 3.1 机房基本信息勘察。

前期准备完成后,进入站点勘察界面,机房顶方蓝绿色提示处可以查看机房的相关信息,使用右侧工具箱里的 GPS、激光测距仪、卷尺,测量黄色提示处,根据测量所得的信息,完成勘察报告,具体如图 3-10 所示。

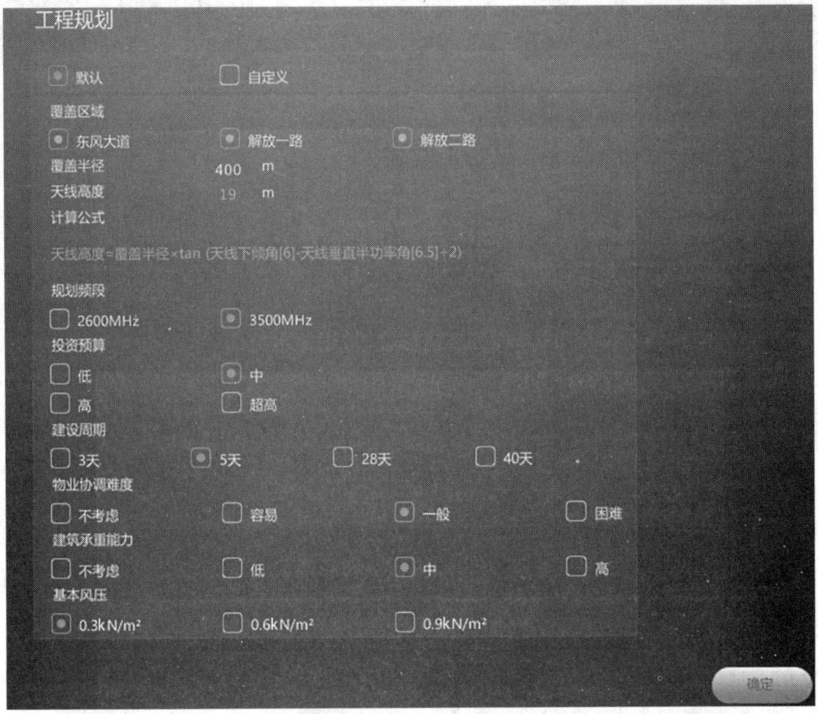

图 3-8　配置工程规划

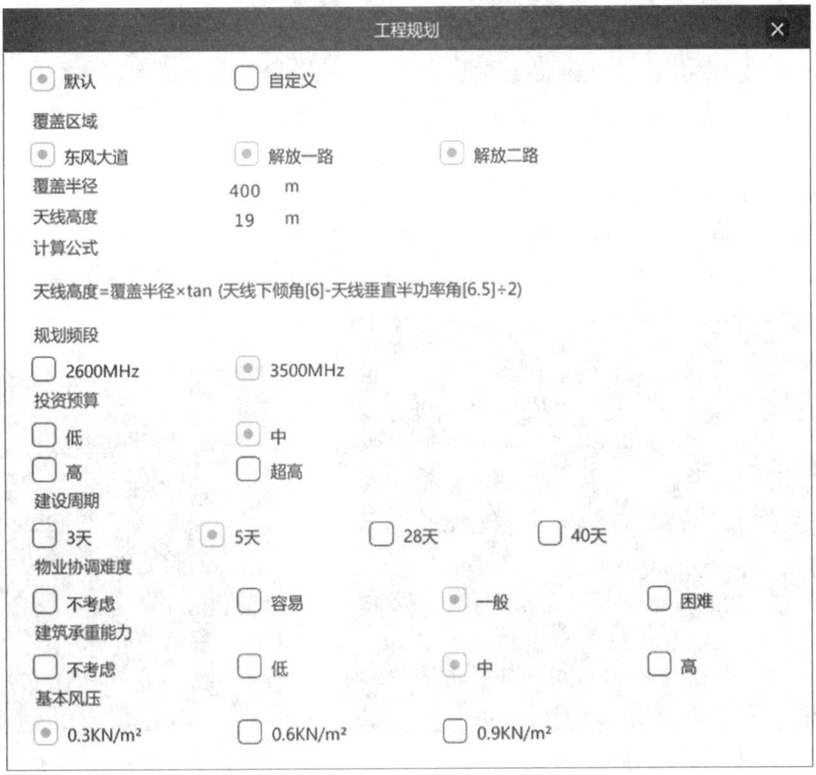

图 3-9　查看工程规划

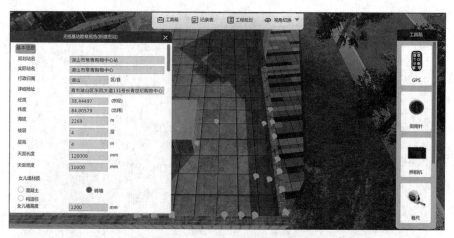

图 3-10　机房基本信息

- 步骤 3.2 机房位置信息勘测。

将鼠标放置在机房上方三个蓝色提示处,机房位置信息等如图 3-11 和图 3-12 所示。根据提示信息,填写勘察报告。

图 3-11　需勘察的信息

图 3-12　机房位置信息

- 步骤 3.3 机房天线角度勘测。

使用右侧工具箱中的指南针,分别单击 S1、S2、S3 和 S4 四个天线方向角测量点,如图 3-13 所示。以 S1 测量点为例,指南针显示为 10°,如图 3-14 所示。将测量数据填写到勘察报告对应位置。

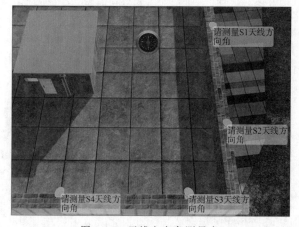

图 3-13　天线方向角测量点

图 3-14　S1 天线方向角测量结果

- 步骤 3.4 机房所处地理位置信息勘测。

选择 GPS,单击站点经纬度及海拔测量点,并填写勘察报告,测量数据如图 3-15 所示。

图 3-15 机房地理位置图

- 步骤 3.5 站点天面勘测。

选择激光测距仪,测量站点天面的长度和宽度,如图 3-16 所示。根据测量所得信息,填写至勘察报告对应的位置上。图 3-17 给出了站点天面长度的测量结果。

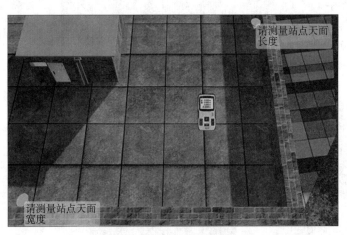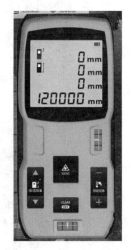

图 3-16 天面信息测量点　　　　图 3-17 站点天面长度信息

- 步骤 3.6 女儿墙信息测量。

选择卷尺,测量女儿墙的高度和厚度,如图 3-18 所示,并填写勘察报告。女儿墙高度测量数据如图 3-19 所示。

- 步骤 3.7 机房实际情况拍照。

选择工具箱中的照相机,根据鼠标按住照相机时显示的各个黄色测量点,逐一进行拍照如图 3-20、图 3-21 所示。

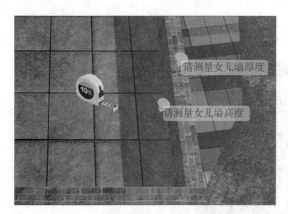

图 3-18 需测量的女儿墙信息图

图 3-19 女儿墙高度测量数据

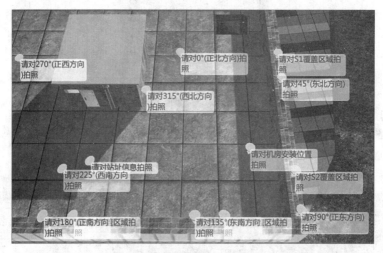

图 3-20 拍照点的位置

图 3-21 315°(西北方向)拍照示意图

- **步骤 3.8 机房内部信息勘测。**

将视角切换为"租赁机房全景",选择激光测距仪,单击对应测试点,测量站点机房的长宽高、机房窗户的长宽以及机房门的高度和宽度。填写勘察报告对应数据,如图 3-22~图 3-24 所示。

图 3-22 视角切换

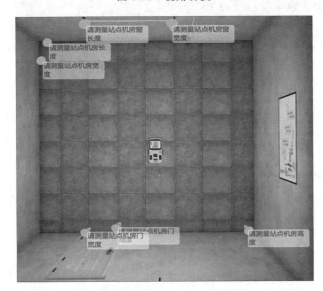

图 3-23 需勘察的机房内部信息图

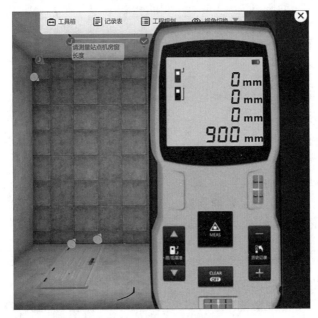

图 3-24 机房窗高度测量示意图

- 步骤 3.9 机房内部实际情况拍照。

使用照相机,对机房内部环境进行拍照,如图 3-25 所示。

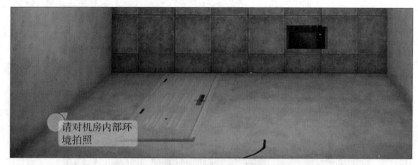

图 3-25　机房内需进行拍照的信息图

- 步骤 3.10 塔桅类型选择。

由于场景为商业广场,塔桅类型选择美化方柱,塔桅高度加楼层高度要大于工程规划里规划的天线高度,塔桅信息填写如图 3-26 所示。

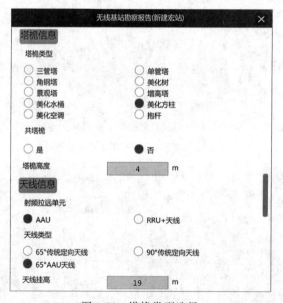

图 3-26　塔桅类型选择

- 步骤 3.11 勘察结果查看。

勘察后的结果记录在"天线基站勘察报告"中,最终会生成一张记录表,单击即可看到所勘察的记录数据,拍摄记录等,如图 3-27~图 3-30 所示。

四、室外站点方案设计

- 步骤 4.1 天馈安装平面图设计。

站点勘察完毕后,单击方案设计进入到天馈安装平面示意图,依次将右侧的租赁机房,美化方柱,GPS+防雷器,5GAAU 天线,接地拖放至示意图中。因为记录表和工程规划表中,下倾角为 6°,所以机械下倾角和电子下倾角为 3°,如图 3-31 所示。

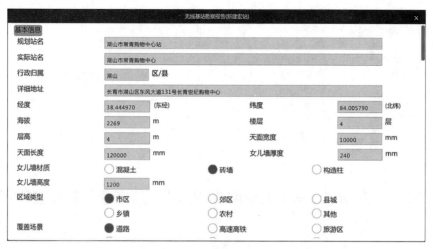

图 3-27 勘察报告(一)

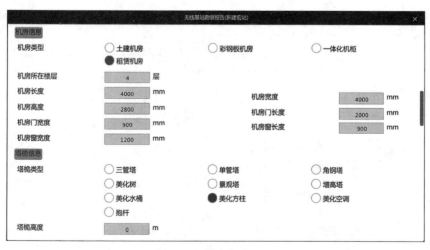

图 3-28 勘察报告(二)

图 3-29 勘察报告(三)

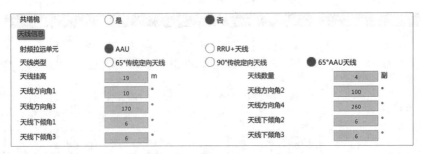

图 3-30 勘察报告（四）

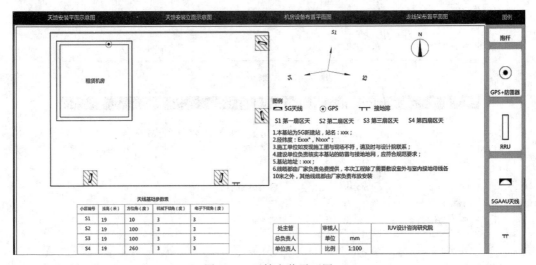

图 3-31 天馈安装平面图

• 步骤 4.2 天馈安装立面图设计。

完成上一步操作之后，单击天馈安装立面示意图，依次将租赁机房，美化方柱，GPS＋防雷器，5GAAU 天线拖放至示意图中，如图 3-32 所示。

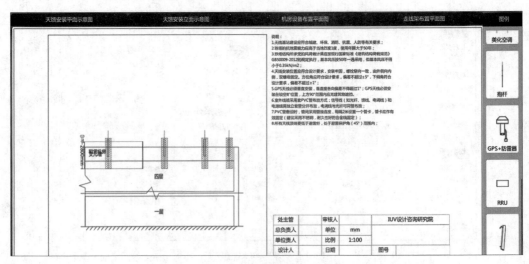

图 3-32 天馈安装立面图

• 步骤 4.3 机房设备布放平面图设计。

完成上一步操作后,单击机房设备布置平面图,依次将右侧图中的租赁机房、电源柜、综合柜拖放至示意图中(电源柜和综合柜布放在一条直线上方便走线架走线),接着再将交流配电箱、监控防雷器、消防器材、馈线窗、接地排拖放至门墙侧,以符合安全规范。然后再将两个蓄电池组和空调分别放置在左右墙两侧。最后再依次将配电盒、BBU、SPN、ODF、接地排从上到下安放在综合柜中,在右边的电源端子图中的一次下电和二次下电里选择一个端口,如图 3-33 所示。

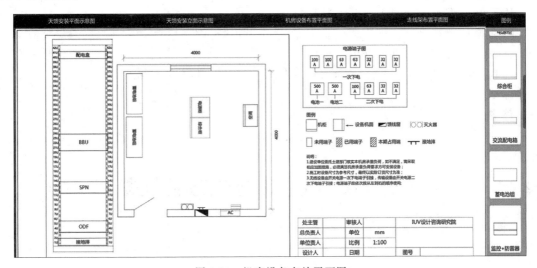

图 3-33 机房设备布放平面图

• 步骤 4.4 走线架布置平面图设计。

完成上一步操作后,单击走线架布置平面图,将馈线窗拖放至示意图中(需与机房设备布放平面图的位置一致),再将水平走线架(横)和水平走线架(竖)拖放至示意图中(需满足馈线窗、电源柜、综合柜、蓄电池、空调的走线),然后在蓄电池侧的墙面再添加垂直走线架,最后两个水平走线架中间增加水平连接件(超过 4 m 长的走线架需用连接件加固),如图 3-34 所示。

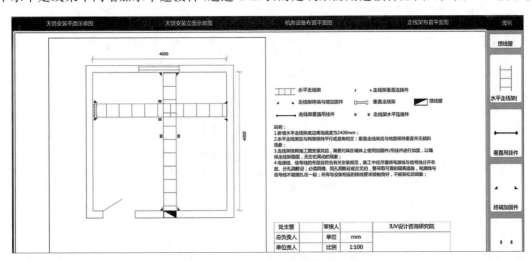

图 3-34 走线架布置平面图

【任务拓展】

思考一下,能否自己规划一套工程参数,再使用新的参数完成室外站点勘察的配置。

【任务测验】

1. 网络规划流程是(　　)。

A. 调查→分析→勘测→仿真→报告

B. 分析→调查→勘测→仿真→报告

C. 勘测→调查→分析→仿真→报告

D. 调查→勘察→仿真→分析→报告

2. 在站点勘测过程中,拍摄周围环境时,是每个(　　)度一张照片。

A. 30　　　　　　　　B. 60　　　　　　　　C. 55　　　　　　　　D. 45

答案:

1. A;2. D。

任务 3.2　数字化室分站点勘察

【任务描述】

本任务以勘察数字化室分站点为目标,旨在训练宏站查勘的方法。通过此任务,可以加深对数字化室分站点查勘流程和内容的认识,熟悉查勘工具的使用方法。

【任务准备】

完成本任务,需要准备以下知识:

(1) 了解数字化室分站点的勘察流程;

(2) 了解查勘工具及使用方法。

【任务实施】

数字化室分站点勘察流程如图 3-35 所示。

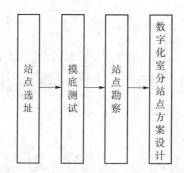

图 3-35　数字化室分站点勘察流程

一、站点选址

- 步骤 1.1 新建"数字化室分"项目。

登录 Project5GPro 平台,单击新建存档。

新建存档后,进入建站方式选择界面,选择"数字化室分",如图 3-36 所示。

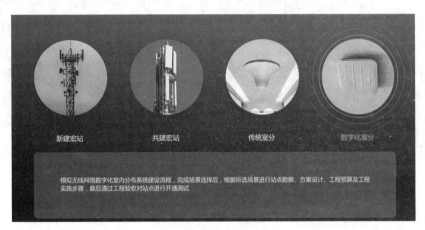

图 3-36　数字化室分图

- 步骤 1.2 选择场景。

完成上一步操作后,进入加油站、工业厂房、居民楼、酒店、写字楼五个场景的选择,选择其中一个场景进入,下列以酒店为例,如图 3-37 所示。

图 3-37　场景选择图

- 步骤 1.3 查看场景信息。

进入酒店之后,可以看到"酒店"具体场景情况以及该场景下的各类信息,根据所提供的信息考虑该场景是否适合建站,从酒店场景提供的信息来看,适合建站,不会扰乱周围居民的生活,也不会引起投诉等,如图 3-38 所示。

- 步骤 1.4 摸底测试。

完成上一步骤后,单击进入"摸底测试",测试网络及设备的选择通室外宏站站点勘察中的一致即可,工程规划同样选择默认即可。具体详见任务 3.1 室外宏站站点勘察的摸底测试。

图 3-38　场景信息图

二、站点勘察

• 步骤 2.1 酒店信息勘察。

前期准备完成后,进入站点勘察界面,机房蓝绿色提示处可以查看机房的相关信息,使用右侧工具箱里的 GPS、激光测距仪、卷尺,测量黄色热点区域,根据测量所得的信息,完成勘察报告,具体如图 3-39 和图 3-40 所示。

图 3-39　酒店需进行勘察的信息图

图 3-40　酒店基本信息图

• 步骤 2.2 机房所处地理位置信息勘测。

使用右侧工具箱中的 GPS,测量站点的经纬度以及海拔,根据测量所得信息,填写至勘察报告对应的位置上,GPS 信息如图 3-41 所示。

• 步骤 2.3 机房信息勘察。

将视角切换为酒店楼顶全景,鼠标放置在机房上蓝绿色提示处,根据显示的信息,填写到勘察报告中相应的位置,机房位置信息等如图 3-42 所示。

• 步骤 2.4 机房内部信息勘测。

将视角切换为租赁机房全景,将鼠标放置在蓝色提示处,查看 BBU 的安装信息,接着使用右侧工具箱中的激光测距仪,测量站点机房的长宽高、站点机房窗户的高度和宽度以及站点机房门的高度和宽度,根据测量所得的信息,填写至勘察报告对应的位置上,激光测距仪信息如图 3-43～图 3-45 所示。

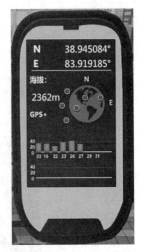

图 3-41　机房地理位置信息图

图 3-42　机房信息图

图 3-43　BBU 安装信息图

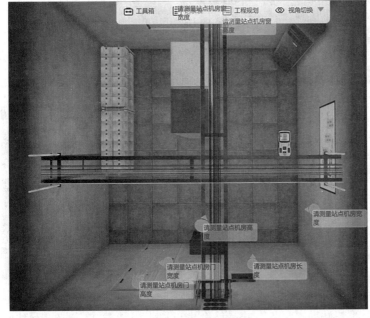

图 3-44　机房内测量点

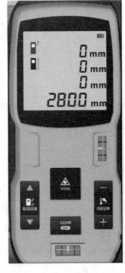

图 3-45　机房内部测量示意图

- 步骤2.5 电梯信息勘察。

将视角切换为电梯全景,使用右侧工具箱中的手电筒查看电梯的信息,根据所得信息,填写至勘察报告相应的位置上,如图3-46所示。

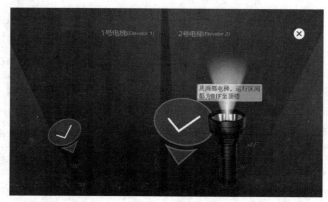

图3-46　电梯信息图

- 步骤2.6 7F信息勘察。

将视角切换为7F全景,鼠标放置在蓝色提示处上,根据显示的信息,填写到勘察报告中相应的位置,如图3-47和图3-48所示。

图3-47　7F需勘测的信息图

图3-48　7F信息图

- 步骤2.7 1F信息勘察。

将视角切换为1F全景,鼠标放置在蓝色提示处上,根据显示的信息,填写到勘察报告中相应的位置,如图3-49所示。

- 步骤2.8 拍摄记录。

使用右侧工具箱中的照相机,对酒店大门全景、酒店楼顶全景、机房内全景、B1F全景、电梯全景、7F全景以及1F全景分别进行拍照,根据鼠标按住照相机时显示的各个黄色提示处,对黄色提示处逐一进行拍照。

- 步骤2.9 勘察结果查看。

图3-49　1F信息图

勘察后的结果记录在"天线基站勘察报告"中,最终会生成一张记录表,单击即可看到所勘察的记录数据,拍摄记录等,如图3-50～图3-53所示。

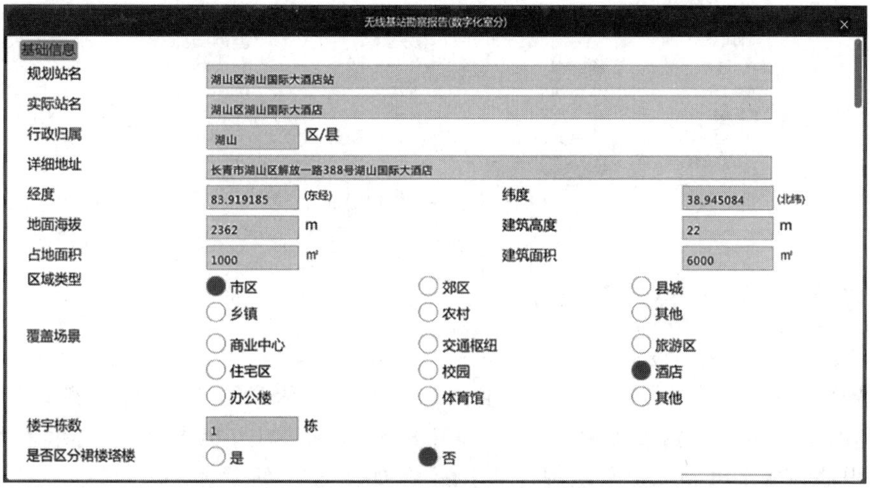

无线基站勘察报告(数字化室分)

基础信息

规划站名　湖山区湖山国际大酒店站

实际站名　湖山区湖山国际大酒店

行政归属　湖山　区/县

详细地址　长青市湖山区解放一路388号湖山国际大酒店

经度　83.919185（东经）　纬度　38.945084（北纬）

地面海拔　2362 m　建筑高度　22 m

占地面积　1000 ㎡　建筑面积　6000 ㎡

区域类型　●市区　○郊区　○县城　○乡镇　○农村　○其他

覆盖场景　○商业中心　○交通枢纽　○旅游区　○住宅区　○校园　●酒店　○办公楼　○体育馆　○其他

楼宇栋数　1　栋

是否区分裙楼塔楼　○是　●否

图 3-50　勘察结果图（一）

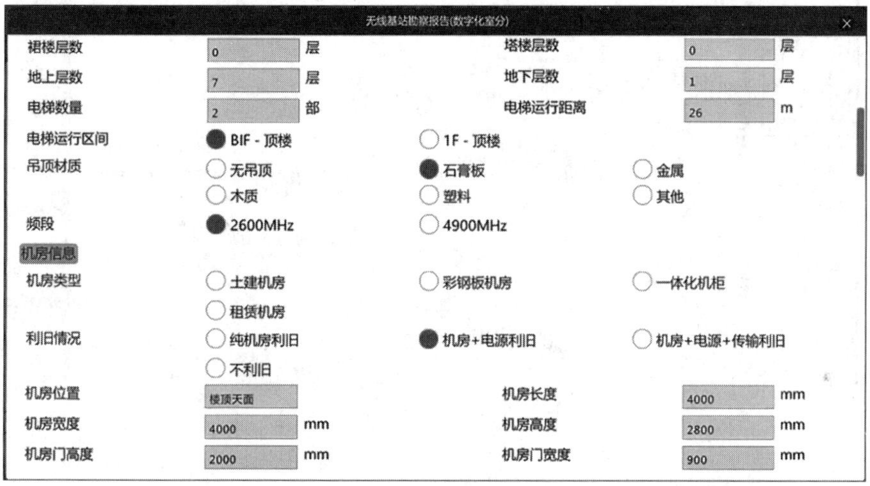

裙楼层数　0　层　塔楼层数　0　层

地上层数　7　层　地下层数　1　层

电梯数量　2　部　电梯运行距离　26　m

电梯运行区间　●BIF - 顶楼　○1F - 顶楼

吊顶材质　○无吊顶　●石膏板　○金属　○木质　○塑料　○其他

频段　●2600MHz　○4900MHz

机房信息

机房类型　○土建机房　○彩钢板机房　○一体化机柜　○租赁机房

利旧情况　○纯机房利旧　●机房+电源利旧　○机房+电源+传输利旧　○不利旧

机房位置　楼顶天面　机房长度　4000　mm

机房宽度　4000　mm　机房高度　2800　mm

机房门高度　2000　mm　机房门宽度　900　mm

图 3-51　勘察结果图（二）

图 3-52　勘察结果图（三）

图 3-53　勘察结果图(四)

三、数字化室分站点方案设计

- 步骤 3.1 机房平面设计。

站点勘察完毕后,单击方案设计进入到机房平面设计示意图,依次将右侧图中的 GPS＋防雷器、利旧电源柜、综合柜、配电盒、BBU、ODF、SPN、接地排(柜内)拖放之示意图中,并为电源端子中的一次下电和二次下电进行单击配置,如图 3-54 所示。

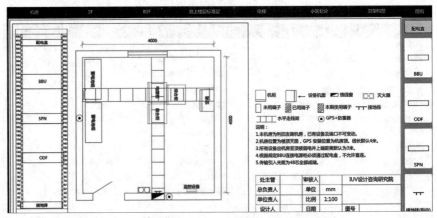

图 3-54　机房平面设计图

- 步骤 3.2 1F 设计。

完成上一步操作后,单击 1F,依次将右侧图中的弱电进、RHUB 及 pRRU(吸顶)拖放之示意图中,注意需使 pRRU 覆盖整个楼层,如图 3-55 所示。

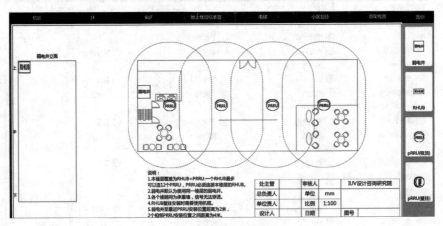

图 3-55　1F 设计图

- 步骤 3.3 B1F 设计。

完成上一步操作后，单击 B1F，依次将右侧图中的弱电井、RHUB 及 pRRU（吸顶）拖放至示意图中，注意同上一步，尽量使 pRRU 覆盖整个楼层，如图 3-56 所示。

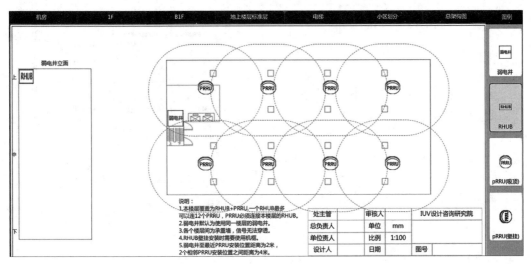

图 3-56　B1F 设计图

- 步骤 3.4 地上楼层标准层设计。

完成上一步操作后，单击地上楼层标准层，依次将弱电井、RHUB 及 pRRU（吸顶）拖放至示意图中，注意同上一步，尽量使 pRRU 覆盖整个楼层，如图 3-57 所示。

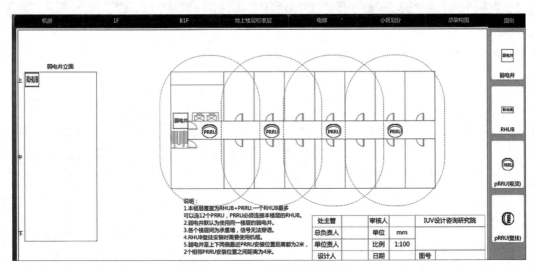

图 3-57　地上楼层标准层设计图

- 步骤 3.5 电梯设计。

完成上一步操作后，依次将右侧图中的弱电井、RHUB 及 pRRU（吸顶）、室内定向天线依次拖放至之示意图中，注意 pRRU 和天线的馈线不能超过 1 m，否则会影响信号覆盖，如图 3-58 所示。

图 3-58　电梯设计图

- 步骤 3.6 小区划分设计。

完成上一步操作后，单击小区划分，根据站点勘察中的小区数量，以及说明中从下往上进行小区的覆盖，分别对各个位置进行连接端口进行规划，如图 3-59 所示。

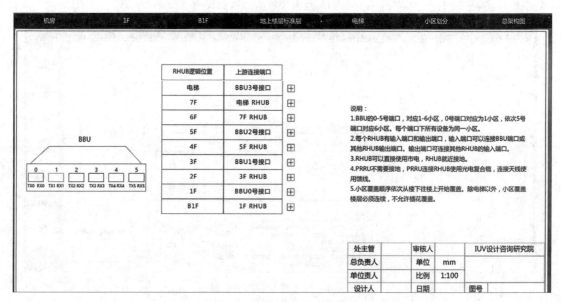

图 3-59　小区划分设计图

- 步骤 3.7 总架构图设计。

完成上一步骤后，单击总架构图，可以看到每个楼层的设备分布情况，如图 3-60 所示。

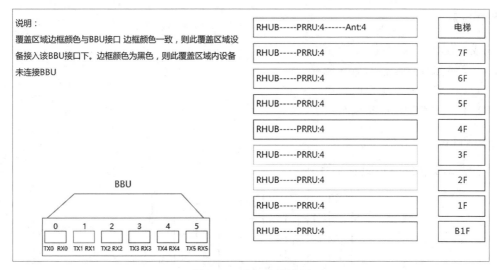

说明：
覆盖区域边框颜色与BBU接口 边框颜色一致，则此覆盖区域设备接入该BBU接口下。边框颜色为黑色，则此覆盖区域内设备未连接BBU

RHUB-----PRRU:4------Ant:4	电梯
RHUB-----PRRU:4	7F
RHUB-----PRRU:4	6F
RHUB-----PRRU:4	5F
RHUB-----PRRU:4	4F
RHUB-----PRRU:4	3F
RHUB-----PRRU:4	2F
RHUB-----PRRU:4	1F
RHUB-----PRRU:4	B1F

BBU

0	1	2	3	4	5
TX0 RX0	TX1 RX1	TX2 RX2	TX3 RX3	TX4 RX4	TX5 RX5

图 3-60　总架构设计图

【任务拓展】

思考一下，能否自己规划一套工程参数，再使用新的参数完成数字化室分站点勘察的配置？

【任务测验】

1. 以下对建设室内分布系统重要性正确的有（　　）。

A. 数据业务增长迅速，绝大多数流量来自室内环境

B. 高速率数据业务需要稳定可靠的室内无线覆盖

C. 过大的穿透损耗使得室外宏蜂窝基站不能在室内提供充分可靠的无线覆盖

D. 室内覆盖易于控制无线信号，有利于提高网络容量

2. 以下设备哪些是无源设备（　　）。

A. 功分器　　　　　B. 耦合器　　　　　C. 衰减器　　　　　D. 以上都是

答案：

1. ABCD；2. D。

任务 3.3　室外宏站概预算

【任务描述】

本任务以编制室外宏站的概预算表格为目标，旨在训练概预算表格的编制方法。通过此任务，可以加深对概预算表格填写流程和内容的认识，了解室外宏站建设的耗材及费用组成。

【任务准备】

完成本任务,需要准备以下知识:

(1) 了解概预算表格的填写流程;

(2) 了解室外宏站建设的耗材;

(3) 了解站点建设的费用组成。

【任务实施】

室外宏站概预算流程如图 3-61 所示。

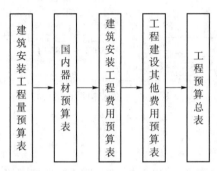

图 3-61　室外宏站概预算流程

概预算的编制流程是,表三(工程量)、表四(材料设备量)、表二(费率)、表五(其他费)、表一(汇总)。

一、建筑安装工程量预算表

• 步骤 1.1 建筑安装工程量概预算表(表三)甲填写。

室外方案设计完成后,单击工程预算,再单击表三甲,可以看到表三甲的各个条目信息,如图 3-62 所示。

序号	定额编号	项目名称	单位	数量	单位定额值（工日）		概预算值（工日）	
					技工	普工	技工	普工
I	II	III	III	V	VI	VII	VIII	VIII
				0	0.00	0.00	0.00	0.00
				0	0.00	0.00	0.00	0.00
				0	0.00	0.00	0.00	0.00
				0	0.00	0.00	0.00	0.00
				0	0.00	0.00	0.00	0.00
				0	0.00	0.00	0.00	0.00
				0	0.00	0.00	0.00	0.00
				0	0.00	0.00	0.00	0.00
				0	0.00	0.00	0.00	0.00
				0	0.00	0.00	0.00	0.00
				0	0.00	0.00	0.00	0.00
				0	0.00	0.00	0.00	0.00
				0	0.00	0.00	0.00	0.00
				0	0.00	0.00	0.00	0.00
				0	0.00	0.00	0.00	0.00

图 3-62　表三甲各条目信息

根据物料单中的材料所需,在表三甲的"预算子目"中需添加内容如表 3-2 所示。

表 3-2　表三甲预算子目信息

编号	名称	单位	数量
TSD3-073	安装一体化开关电源柜(落地式)	台	1
TSD4-004	安装与调试通用空调(立式)	台	1
TSW1-031	安装室外接地排	个	1
TSD3-016	安装 48 V 铅酸蓄电池组(1 500 Ah 以下)	组	2
TSW1-003	安装室内电缆走线架(垂直)	m	3
TSD3-076	开关电源系统调试	系统	1
TSW2-052	安装基站主设备(机柜/箱嵌入式)	台	1
TSW1-014	安装室内无源综合架(柜)(落地式)	个	1
TSD6-013	敷设室外接地母线	十米	1
TXL7-027	增(扩)装光纤一体化熔接托盘	套	1
TSW1-002	安装室内电缆走线架(水平)	m	8
TSD3-066	安装组合式开关电源(600 A 以上)	架	1
TSW2-016	安装定向天线(抱杆上)	副	4
TSD5-022	室外布放电力电缆(单芯相线截面积)35 mm² 以下	十米条	1
TSD6-011	安装室内接地排	个	2
TSY2-083	安装、调测全球定位系统(GPS)	套	1
TSD6-012	敷设室内接地母线	十米	1

建筑安装工程量预算表(表三)甲如图 3-63、图 3-64 所示。

图 3-63　建筑安装工程量预算表(表三)甲(一)

| 表一 | | 表二 | | 表三甲 | | 表三乙 | | 表三丙 | | 表四 | | 表五 |

建筑安装工程量预算表（表三）甲

序号	定额编号	项目名称	单位	数量	单位定额值（工日）		概预算值（工日）	
					技工	普工	技工	普工
I	II	III	III	V	VI	VII	VIII	VIII
16	TXL7-027	增(扩)装光纤一体化熔接托盘	套	1	0.10	0.00	0.10	0.00
17	TSY2-083	安装、调测全球 定位系统(GPS)	套	1	4.00	0.00	4.00	0.00
18	TSD5-022	室内布放电力电缆（单芯相线截面积）35mm²以下	十米条	1	0.20	0.00	0.20	0.00
				0	0.00	0.00	0.00	0.00
				0	0.00	0.00	0.00	0.00
				0	0.00	0.00	0.00	0.00
				0	0.00	0.00	0.00	0.00
				0	0.00	0.00	0.00	0.00
				0	0.00	0.00	0.00	0.00
		合计					69.24	0.00

图 3-64　建筑安装工程量预算表（表三）甲（二）

- 步骤 1.2 建筑安装工程量概预算表（表三）乙填写。

完成上一步操作后，单击表三乙，可以看到表三乙的各个条目信息，如图 3-65 所示。

| 表一 | | 表二 | | 表三甲 | | 表三乙 | | 表三丙 | | 表四 | | 表五 |

建筑安装工程量预算表（表三）乙

序号	定额编号	项目名称	单位	数量	机械名称	单位定额值（工日）		概预算值（工日）	
						数量(台班)	单价(元)	数量(台班)	合价(元)
I	II	III	IV	V	VI	VII	VIII	IX	X
				0		0.00	0.00	0.00	0.00
				0		0.00	0.00	0.00	0.00
				0		0.00	0.00	0.00	0.00
				0		0.00	0.00	0.00	0.00
		合计						0.00	0.00

图 3-65　表三乙各条目信息

根据物料单中的材料所需，在表三乙的"预算子目"中添加内容，如表 3-3 所示。

表 3-3　表三乙预算子目信息

编号	名称	单位	数量
TSD3-016	安装 48 V 铅酸蓄电池组(1 500 Ah 以下)	组	2
TSD6-013	敷设室外接地母线	十米	1
TSD6-012	敷设室内接地母线	十米	1

建筑安装工程量预算表（表三）乙如图 3-66 所示。

| 表一 | | 表二 | | 表三甲 | | 表三乙 | | 表三丙 | | 表四 | | 表五 |

建筑安装工程量预算表（表三）乙

序号	定额编号	项目名称	单位	数量	机械名称	单位定额值（工日）		概预算值（工日）	
						数量(台班)	单价(元)	数量(台班)	合价(元)
I	II	III	IV	V	VI	VII	VIII	IX	X
1	TSD6-012	敷设室内接地母线	十米	1	交流弧焊机	0.10	120.00	0.10	12.00
2	TSD6-013	敷设室外接地母线	十米	1	交流弧焊机	0.04	120.00	0.04	4.80
3	TSD3-016	安装48V铅酸蓄电池组(1500Ah以下)	组	2	叉式装载车(3t)	0.30	374.00	0.60	224.40
				0		0.00	0.00	0.00	0.00
		合计						0.74	241.20

图 3-66　建筑安装工程量预算表（表三）乙

- 步骤 1.3 建筑安装工程量概预算表(表三)丙填写。

完成上一步操作后,单击表三丙,可以看到表三丙的各个条目信息,如图 3-67 所示。

图 3-67 表三丙各条目信息

根据物料单中的材料所需,在表三丙的"预算子目"中添加表 3-4 所示内容。

表 3-4 表三丙预算子目信息

编号	名称	副名称	单位	数量
TSD3-076	开关电源系统调试	杂音计	系统	1
TSD3-076	开关电源系统调试	手持式多功能万用表	系统	1
TXL1-005	GPS 定位调试	GPS 定位仪	系统	1
TSD3-076	开关电源系统调试	绝缘电阻测试仪	系统	1
TSD5-022	室外布放电力电缆(单芯相线截面积 35 mm² 以下)	绝缘电阻测试仪	十米条	1

建筑安装工程量预算表(表三)丙如图 3-68 所示。

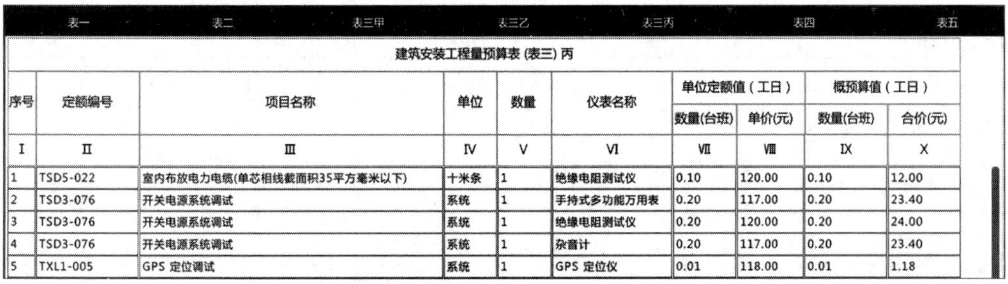

图 3-68 建筑安装工程量预算表(表三)丙

二、国内器材预算表

- 步骤 2.1 国内器材预算表(表四)甲填写。

完成上一步操作后,单击表四甲,可以看到表四甲的各个条目信息,如图 3-69 所示。

表一		表二	表三甲		表三乙	表三丙		表四	表五

国内器材预算表（表四）甲

序号	名称	规格程式	单位	数量	单价（元）	合计（元）			备注
					除税价	除税价	增值价	含税价	
I	II	III	IV	V	VI	VII	VIII	IX	X
				0	0.00	0.00	0.00	0.00	
				0	0.00	0.00	0.00	0.00	
				0	0.00	0.00	0.00	0.00	
				0	0.00	0.00	0.00	0.00	
				0	0.00	0.00	0.00	0.00	
				0	0.00	0.00	0.00	0.00	
				0	0.00	0.00	0.00	0.00	
				0	0.00	0.00	0.00	0.00	
				0	0.00	0.00	0.00	0.00	
				0	0.00	0.00	0.00	0.00	
				0	0.00	0.00	0.00	0.00	
				0	0.00	0.00	0.00	0.00	
				0	0.00	0.00	0.00	0.00	

图 3-69　表四甲各条目信息

根据物料单中的材料所需,在表四甲的"预算子目"中添加表 3-5 所示内容。

表 3-5　表四甲预算子目信息

名称	参数信息	单位	数量
GPS(含线缆)	集成避雷器 GPS/北斗双模式	个	1
开关电源柜(含线缆)	−48 V/220 A	架	1
BBU(含线缆)	5G BBU	套	1
综合柜(含线缆)		个	1
接地排		个	3
室内走线架(含加固及连接件)	400 mm	米	11
消防器材		套	1
配电盒(含设备安装费与线缆)	200 A	台	1
ODF(含线缆)	48 口	套	1
基站机房空调(含线缆)	制冷量 3 匹	台	1
美化方柱(含安装费)	4 m,0.65 风压	座	4
馈线窗		个	1
SPN(含安装费及线缆)		台	1
环境及动力监控设备(含线缆)	壁挂式	套	1
交流配电箱(含线缆)	380 V/100 A	个	1
AAU3500(含线缆)	5G NR 3 400～3 600 MHz	副	4
阀控式蓄电池组(含线缆)	−48 V/1 000 Ah	组	2

国内器材预算表(表四)如图 3-70、图 3-71 所示。

表一	表二	表三甲	表三乙	表三丙	表四	表五

国内器材预算表(表四)甲

序号	名称	规格程式	单位	数量	单价(元)		合计(元)			备注
					除税价	除税价	增值价	含税价	
I	II	III	IV	V	VI	VII	VIII	IX	X
1	美化方柱(含安装费)	4米，0.65风压	座	4	1450.00	5800.00	348.00	6148.00	
2	开关电源柜(含线缆)	-48V/200A	架	1	14313.00	14313.00	858.78	15171.78	
3	综合柜(含线缆)		个	1	1232.20	1232.20	73.93	1306.13	
4	交流配电箱(含线缆)	380V/100A	个	1	2363.00	2363.00	141.78	2504.78	
5	阀控式蓄电池组(含线缆)	-48V/1000AH	组	2	17100.00	34200.00	2052.00	36252.00	
6	基站机房空调(含线缆)	制冷量3匹	台	1	7300.00	7300.00	438.00	7738.00	
7	环境及动力监控设备(含线缆)	壁挂式	套	1	5500.00	5500.00	330.00	5830.00	
8	消防器材		套	1	434.00	434.00	26.04	460.04	
9	馈线窗		个	1	203.00	203.00	12.18	215.18	
10	接地排		个	0	113.00	0.00	0.00	0.00	
11	配电盒(含设备安装费与线缆)	200A	台	1	765.30	765.30	45.92	811.22	
12	GPS(含线缆)	集成避雷器GPS/北斗双模天线	个	1	632.00	632.00	37.92	669.92	
13	BBU(含线缆)	5G BBU	套	1	12756.00	12756.00	765.36	13521.36	
14	AAU3500(含线缆)	5G NR 3400-3600MHz，64T64R，100MHz	副	4	31012.00	124048.00	7442.88	131490.88	

图 3-70　国内器材预算表(表四)甲(一)

15	ODF(含线缆)	48口	套	1	576.50	576.50	34.59	611.09	
16	SPN(含安装费及线缆)		台	1	7253.00	7253.00	435.18	7688.18	
17	室内走线架(含加固件及连接件)	400mm	米	11	23.00	253.00	15.18	268.18	

图 3-71　国内器材预算表(表四)甲(二)

三、建筑安装工程费用(预)算表

• 步骤 3.1 建筑安装工程费用(预)算表(表二)填写。

完成上述操作后,单击表二,可以看到表二的各个条目信息,如图 3-72 所示。

表一	表二	表三甲	表三乙	表三丙	表四	表五

建筑安装工程费用(预)算表(表二)

序号	费用名称	依据和计算方法	合计(元)
I	II	III	IV
	建安工程费(含税价)	一+二+三+四	13057.74
	建安工程费(除税价)	一+二+三	0.00
一	直接费	(一)+(二)	0.00
(一)	直接工程费	1+2+3+4	0.00
1	人工费	(1)+(2)	0.00
(1)	技工费	技工日×114元	0.00
(2)	普工费	普工日×61元	0.00
2	材料费	(1)+(2)	0.00
(1)	主要材料费	主要材料费	0.00
(2)	辅助材料费	主要材料费×3%	0.00
3	机械使用费	机械台班单价×机械台班量	0.00
4	仪表使用费	仪表台班单价×仪表台班量	0.00
(二)	措施项目费	1...15项之和	0.00
1	文明施工费	人工费×1.5%	0.00
2	工地器材搬运费	人工费×3.4%	0.00
3	工程干扰费	人工费×6%	0.00

图 3-72　表二各条目信息

根据表三甲和表四甲中所得的价格填写至表二中,计算出各个费用,如图 3-73 所示。

表一	表二	表三甲	表三乙	表三丙	表四	表五

建筑安装工程费用（预）算表（表二）

序号	费用名称	依据和计算方法	合计（元）
I	II	III	IV
	建安工程费（含税价）	一＋二＋三＋四	256340.10
	建安工程费（除税价）	一＋二＋三	241192.18
一	直接费	（一）＋（二）	234835.24
（一）	直接工程费	1＋2＋3＋4	232671.58
1	人工费	（1）＋（2）	7839.36
（1）	技工费	技工工日×114元	7839.36
（2）	普工费	普工工日×61元	0.00
2	材料费	（1）＋（2）	224507.04
（1）	主要材料费	主要材料费	217908.00
（2）	辅助材料费	主要材料费×3%	6539.04
3	机械使用费	机械台班单价×机械台班量	241.20
4	仪表使用费	仪表台班单价×仪表台班量	83.98
（二）	措施项目费	1...15项之和	2163.66
1	文明施工费	人工费×1.5%	117.59
2	工地器材搬运费	人工费×3.4%	266.54
3	工程干扰费	人工费×6%	470.36

图 3-73　建筑安装工程费用（预）算表（表二）

四、工程建设其他费用预算表

· 步骤 4.1 工程建设其他费预算表（表五）甲填写。

完成上述操作后，单击表五，可以看到表五的各个条目信息，如图 3-74 所示。

表一	表二	表三甲	表三乙	表三丙	表四	表五

工程建设其他费预算表（表五）甲

序号	费用名称	计算依据及方法	合计（元）			备注
			除税价	增值税	含税价	
	II	III	IV	V	VI	VII
1	建设用地及综合赔补费					不计取
2	项目建设管理费	工程费（除税价）×2%	0.00	0.00	0.00	财建（2016）504号
3	可行性研究费					不计取
4	研究试验费					不计取
5	勘察费	4250元/站	0.00	0.00	0.00	计价格[2002]10号
6	设计费	工程费（除税价）×4.5%	0.00	0.00	0.00	计价格[2002]10号
7	环境影响评价费					不计取
8	建设工程监理费	工程费(折前建筑安装费＋设备费)×3.30%	0.00	0.00	0.00	发改价格[2007]670号
9	安全生产费	建筑安装费×1.50%	0.00	0.00	0.00	工信部通[2012]213号
10	引进技术及进口设备其他费					不计取
11	工程保险费					不计取
12	工程招标代理费					不计取
13	专利及专利技术使用费					不计取
14	其他费用					不计取
15	生产准备及开办费（运营费）					不计取

图 3-74　表五各条目信息

根据表二中的价格填写至表五中，计算出各个费用，如图 3-75 所示。

五、工程预算总表

· 步骤 5.1 工程预算总表（表一）填写。

完成上述的所有操作后，单击表一，可以看到表一的各个条目信息，如图 3-76 所示。将所有费用进行计算得出总价，如图 3-77 所示。

表一	表二	表三甲	表三乙	表三丙	表四	表五

工程建设其他费预算表（表五）甲

序号	费用名称	计算依据及方法	合计（元） 除税价	增值税	含税价	备注
	II	III	IV	V	VI	VII
2	项目建设管理费	工程费（除税价）×2%	4826.10	289.57	5115.67	财建（2016）504号
3	可行性研究费					不计取
4	研究试验费					不计取
5	勘察费	4250元/站	4250.00	255.00	4505.00	计价格[2002]10号
6	设计费	工程费（除税价）×4.5%	10858.72	651.52	11510.24	计价格[2002]10号
7	环境影响评价费					不计取
8	建设工程监理费	工程费(折前建筑安装费+设备费)×3.30%	7963.06	477.78	8440.84	发改价格[2007]670号
9	安全生产费	建筑安装费×1.50%	3619.57	325.76	3945.33	工信部通通[2012]213号
10	引进技术及进口设备其他费					不计取
11	工程保险费					不计取
12	工程招标代理费					不计取
13	专利及专利技术使用费					不计取
14	其他费用					不计取
15	生产准备及开办费（运营费）					不计取
	合计		31517.45	1999.63	33517.08	

图 3-75　工程建设其他费预算表（表五）甲

表一	表二	表三甲	表三乙	表三丙	表四	表五

工程预算总表（表一）

序号	表格编号	费用名称	小型建筑工程费	国内安装设备费	不需安装的设备、工器具费	建筑安装工程费	其他费用	预备费	总价值 除税价	增值价	含税价	其中外币
					预算价值（元）							
I	II	III	IV	V	VI	VII	VII	IX	X	XI	XII	XIII
1	表二	建筑安装工程费				0.00			0.00	0.00	0.00	
2	表五	工程建设其他费					0.00		0.00	0.00	0.00	
		总计				0.00	0.00		0.00	0.00	0.00	

图 3-76　表一各条目信息

表一	表二	表三甲	表三乙	表三丙	表四	表五

工程预算总表（表一）

序号	表格编号	费用名称	小型建筑工程费	国内安装设备费	不需安装的设备、工器具费	建筑安装工程费	其他费用	预备费	总价值 除税价	增值价	含税价	其中外币
					预算价值（元）							
I	II	III	IV	V	VI	VII	VII	IX	X	XI	XII	XIII
1	表二	建筑安装工程费				241304.87			241304.87	15178.40	256483.27	
2	表五	工程建设其他费					31517.45		31517.45	2228.87	33746.32	
		总计				241304.87	31517.45		272822.32	17407.27	290229.59	

图 3-77　工程预算总表（表一）

【任务拓展】

思考一下,能否根据自己规划的工程参数,独立完成室外宏站的概预算。

【任务测验】

1. 填写概预算表格通常按照( )顺序进行。

A. 表三甲乙丙、表四、表五、表二、表一

B. 表三甲乙丙、表四、表二、表五、表一

C. 表四、表五、表三甲乙丙、表二、表一

D. 表五、表四、表三甲乙丙、表二、表一

2. 预算定额中的人工工日消耗量应包括( )。

A. 基本用工　　　　　　　　　B. 基本用工和其他用工

C. 基本用工和辅助用工　　　　D. 基本用工、辅助用工和其他用工

3. 下列哪些属于直接工程费( )。

A. 建筑安装工程费、设备购置费、预备费

B. 人工费、材料费、施工机械使用费、仪表使用费

C. 间接费、利润、税金

D. 临时设施费、劳保支出、施工队伍调遣费

答案:

1. B;2. C;3. B。

项目 4　网—SDN 网络技术

任务 4.1　OpenFlow 网络规划实验

【任务描述】

本任务以构建 OpenFlow 网络为目标，旨在训练 OpenFlow 网络的搭建和配置。通过此任务，可以加深对 OpenFlow 技术原理的认识，了解 OpenFlow 技术的应用。

【任务准备】

(1) 了解 OpenFlow 体系结构；

(2) 了解 OpenFlow 流表；

(3) 了解 OpenFlow 转发控制原理。

一、OpenFlow 体系结构

OpenFlow 模型的关键组件是软件定义网络(SDN)常见定义的一部分，如图 4-1 所示。

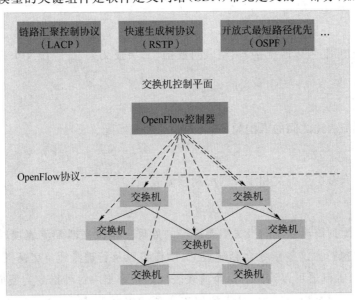

图 4-1　OpenFlow 体系结构

OpenFlow 是一组协议和应用程序接口(Application Program Interface,API)。控制器的正常工作是建立在应用程序给出的指令基础上的。OpenFlow 的协议包括用于建立控制会话的线路协议和用于分配交换机端口的配置与管理协议。

OpenFlow 网络由网络设备(交换机)、控制器(OpenFlow 控制器)、用于连接设备和控制器的安全通道以及 OpenFlow 表项组成。其中,交换机设备和 OpenFlow 控制器是组成OpenFlow 网络的实体,要求能够支持安全通道和 OpenFlow 表项。OpenFlow 交换机转发面由两部分组成:端口和流表。一个交换机可以有很多种端口,也可以有很多级流表。

二、OpenFlow 流表

OpenFlow 是控制器和交换机之间的标准协议。自 2009 年年底发布 1.0 版本后,OpenFlow 协议又经历了 1.1、1.2、1.3 及 1.4 版本的演进过程,目前使用和支持最多的是 1.0和 1.3 版本。

OpenFlow 流表(Flow Table)包含了所有类型的 OpenFlow 表项。OpenFlow 通过用户定义的流表来匹配和处理报文。所有流表项都被组织在不同的 Flow Table 中,在同一个Flow Table 中按流表项的优先级进行先后匹配。一个 OpenFlow 的设备可以包含一个或者多个 Flow Table。

OpenFlow v1.3 中流表项主要由 7 部分组成,分别是匹配域(用来识别该条表项对应的flow)、优先级(定义流表项的优先顺序)、计数器(用于保存与条目相关统计信息)、指令(匹配表项后需要对数据分组执行的动作)、失效时间、Cookie 和 Flags,如图 4-2 所示。

匹配域 (Match Fields)	优先级 (Priority)	计数器 (Counters)	指令 (Instructions)	失效时间 (Timesouts)	Cookie	Flags

图 4-2　OpenFlow 流表

1. 匹配域

流表项匹配规则:可以匹配接口、流表间数据、二层报文头、三层报文头、四层端口号等报文字段。

2. 优先级

优先级定义流表项之间的匹配顺序,优先级高的先匹配。

3. 计数器

计数器统计有多少个报文和字节匹配到该流表项。

4. 指令

指令定义匹配到该流表项的报文需要进行的处理。当报文匹配流表项时,每个流表项包含的指令集就会执行。这些指令会影响报文、动作集以及管道流程。交换机不需要支持所有的指令类型,并且控制器可以询问。每个流表表项的指令集中每种指令类型最多只能有一个,指令的执行的优先顺序为:Meter(对匹配到流表项的报文限速)→Apply-Actions(立即执行动作)→Clear Actions(清楚动作集中所有的动作)→Write-Actions(更改动作集)→Write-

Metadata（更改流表间数据）→ Goto-Table（进入下一级流表）。OpenFlow 流表处理流程图如图 4-3 所示。

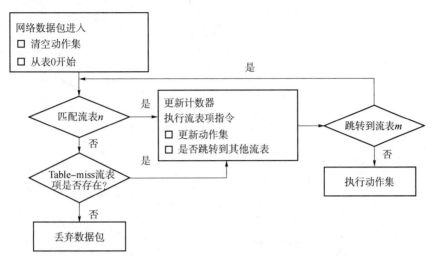

图 4-3　OpenFlow 流表处理流程图

【任务实施】

一、OpenFlow 网络拓扑规划和数据配置

· 步骤 1.1 模式选择。

登录 SDN 软件，在"模式选择"中选择"OpenFlow 工程"，单击"开始新任务"，如图 4-4 和图 4-5 所示。

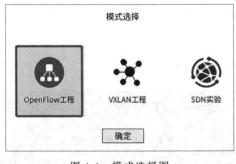

图 4-4　模式选择图

图 4-5　开始新任务图

· 步骤 1.2 设备拖放及连线。

完成上一步骤后，在上方选择"工程规划"，分别将右侧"网络设备"中的，小型交换机、PC 终端和 SDN 服务器拖放至"场景选择"下方。接着，单击 PC0 设备之后，鼠标与设备之间会生成一根连线，再次单击 SW_S0 设备即可完成两个设备的连接，同理，完成 SW_S0 和 SW_S1 及 SW_S1 和 PC1 的连接。同时，右键单击设备，单击中间的按钮可以查看设备的连接信息，如图 4-6 和图 4-7 所示。

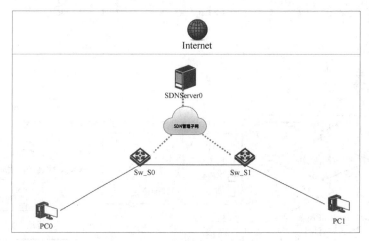

图 4-6　设备连线完成图

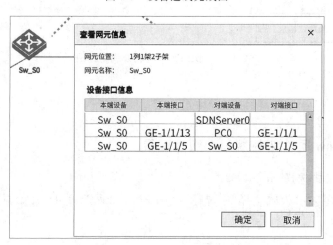

图 4-7　设备连接信息查看图

- 步骤 1.3 站点 A 的选择。

完成上一步骤后,单击"设备配置",选择"A 站点机房"如图 4-8 所示。

图 4-8　A 站点机房选择图

• 步骤 1.4 添加设备。

单击左侧"设备导航"中的"1 列"–"1 架",将右侧"网络设备"中的"SDN 服务器"拖入机柜中(网络设备中设备的数量由工程规划中的设备数量决定),网元名称与工程规划中的相对应,单击"确定"按钮完成设备的安装。同理,完成 1 架和 2 架中小型交换机和 PC 的安装,如图 4-9、图 4-10 和图 4-11 所示。

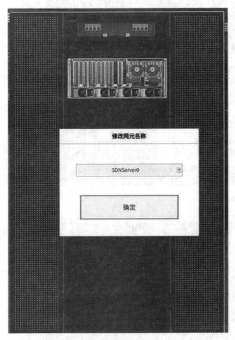

图 4-9　SDN 服务器安装图

图 4-10　1 架设备安装完成图

图 4-11　2 架设备安装完成图

• 步骤 1.5 SW 设备连接。

完成上一步骤后,单击 1 架中的 SW_S0 进入设备的详细界面,在右侧"光模块"中选择第一个光模块,将其拖放至 5～12 中的任一端口中,同理,为 SW_S1 添加一个光模块。接着在右侧"线缆"选择"LC-LC-S",单击 SW_S0 中新增的光模块所在的端口,再单击"设备导航"中的 SW_S1,在弹出的界面中选择新增光模块所处端口,接口灯光亮起表示连接成功,如图 4-12、图 4-13 和图 4-14 所示。

图 4-12　光模块添置图

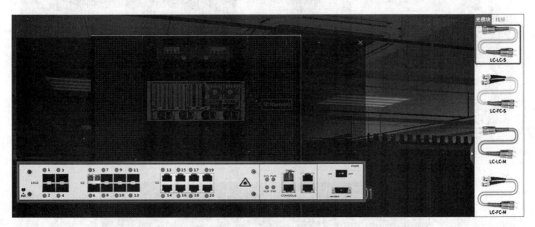

图 4-13　线缆选择图

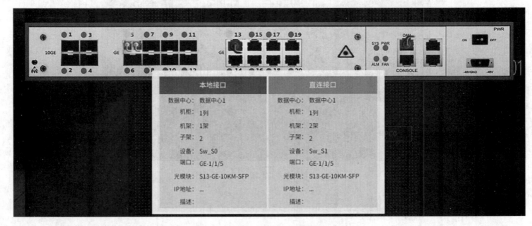

图 4-14　SW 设备连接完成图

- 步骤 1.6 连接 SW 设备和 PC。

完成上一步骤后,回到 SW_S0 的详细界面,在右侧"线缆"处选择"RJ45-S",将其拖放至
13~20 中的任一端口,接着单击"设备导航"中的"PC0",根据高亮提示完成连接,灯光亮起
表示连接成功,如图 4-15 和图 4-16 所示。

图 4-15　连接完成后 SW 详细图

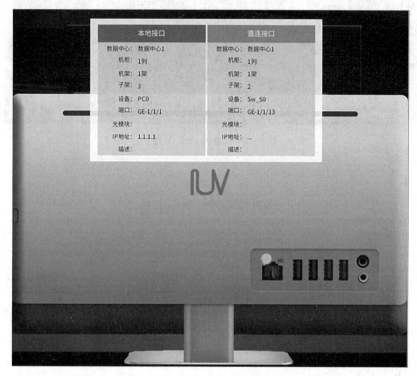

图 4-16　连接完成后 PC 详细图

- 步骤 1.7 SDN 服务器数据配置。

完成上一步骤后,单击"设备导航"-"1 架"-"SDNServer0",在 SDN 服务器的详细界面单
击"设备配置",在弹出的界面中选择"地址设置",根据表 4-1 中的 IP 地址规划将数据填写完
整,如表 4-1、图 4-17 和图 4-18 所示。

表 4-1　设备 IP 地址规划表

设备名称	IP 地址	子网掩码	网关
SDN 服务器	10.1.1.200	255.255.255.0	无
SW_S0	10.1.1.1	255.255.255.0	无
SW_S1	10.1.1.2	255.255.255.0	无
PC0	1.1.1.1	255.255.255.0	1.1.1.200
PC1	2.1.1.1	255.255.255.0	2.1.1.200

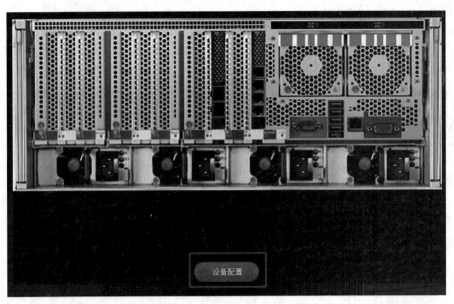

图 4-17　SDN 服务器设备配置选择图

图 4-18　SDN 服务 IP 配置完成图

完成上一步骤,选择左侧的"控制器设置",配置 PC0 和 PC1 的网关地址,如图 4-19 所示。

子网网关地址池	操作	名称	IP地址	子网掩码
	🗑	1	1 . 1 . 1 . 200	255 . 255 . 255 . 0
	🗑	2	2 . 1 . 1 . 200	255 . 255 . 255 . 0

图 4-19　控制器设置图

- 步骤 1.8 SW 设备数据配置。

单击"设备导航"-"1 架"-"SW_S0",在 SW_S0 的详细界面单击"设备配置"进入到设备属性配置界面后,单击"系统配置",根据设备 IP 地址规划表将数据填写完整,如图 4-20 所示。

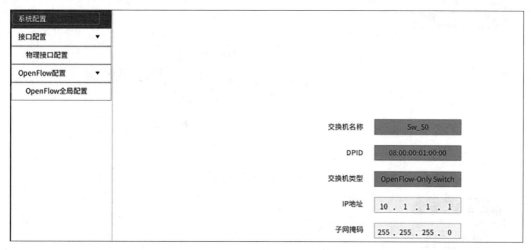

图 4-20 SW_S0 系统配置图

单击左侧的"接口配置",可以查看设备端口的连接情况,如图 4-21 所示。

接口ID	光/电	接口状态	管理状态	工作模式	双工	速率	接口描述
GE-1/1/13	电	Up	Up ▼	自协商 ▼	全双工 ▼	1000Mbp ▼	
GE-1/1/14	电	Down	Up ▼	自协商 ▼	全双工 ▼	1000Mbp ▼	
GE-1/1/15	电	Down	Up ▼	自协商 ▼	全双工 ▼	1000Mbp ▼	
GE-1/1/16	电	Down	Up ▼	自协商 ▼	全双工 ▼	1000Mbp ▼	
GE-1/1/17	电	Down	Up ▼	自协商 ▼	全双工 ▼	1000Mbp ▼	
GE-1/1/18	电	Down	Up ▼	自协商 ▼	全双工 ▼	1000Mbp ▼	
GE-1/1/19	电	Down	Up ▼	自协商 ▼	全双工 ▼	1000Mbp ▼	
GE-1/1/20	电	Down	Up ▼	自协商 ▼	全双工 ▼	1000Mbp ▼	
GE-1/1/1	光	Down	Up ▼	自协商 ▼	全双工 ▼	10Gbps	
GE-1/1/2	光	Down	Up ▼	自协商 ▼	全双工 ▼	10Gbps	
GE-1/1/3	光	Down	Up ▼	自协商 ▼	全双工 ▼	10Gbps	
GE-1/1/4	光	Down	Up ▼	自协商 ▼	全双工 ▼	10Gbps	
GE-1/1/5	光	Up	Up ▼	自协商 ▼	全双工 ▼	1Gbps	
GE-1/1/6	光	Down	Up ▼	自协商 ▼	全双工 ▼	1Gbps	
GE-1/1/7	光	Down	Up ▼	自协商 ▼	全双工 ▼	1Gbps	
GE-1/1/8	光	Down	Up ▼	自协商 ▼	全双工 ▼	1Gbps	

图 4-21 物理接口配置图

单击左侧的"OpenFlow 全局配置",根据设备 IP 地址规划表填写完整(控制器端口号为:6653),如图 4-22 所示。

同理,完成 SW_S1 的数据配置,如图 4-23、图 4-24 和图 4-25 所示。

OpenFlow配置
OpenFlow全局配置
全局OpenFlow协议开关
启用
OpenFlow协议版本
V1.3
OpenFlow管理地址
10.1.1.1
Controller IP地址
10 . 1 . 1 . 200
Controller Port号
6653

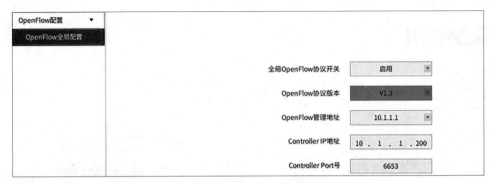

图 4-22　OpenFlow 全局配置图

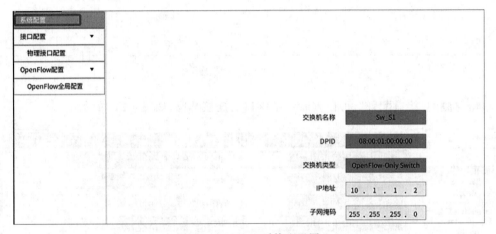

系统配置
接口配置
物理接口配置
OpenFlow配置
OpenFlow全局配置
交换机名称
Sw_S1
DPID
08:00:01:00:00:00
交换机类型
OpenFlow-Only Switch
IP地址
10 . 1 . 1 . 2
子网掩码
255 . 255 . 255 . 0

图 4-23　SW_S1 系统配置图

系统配置
接口配置
物理接口配置
OpenFlow配置
OpenFlow全局配置
接口ID
光/电
接口状态
管理状态
工作模式
双工
速率
接口描述
GE-1/1/13 电 Up Up 自协商 全双工 1000Mbp
GE-1/1/14 电 Down Up 自协商 全双工 1000Mbp
GE-1/1/15 电 Down Up 自协商 全双工 1000Mbp
GE-1/1/16 电 Down Up 自协商 全双工 1000Mbp
GE-1/1/17 电 Down Up 自协商 全双工 1000Mbp
GE-1/1/18 电 Down Up 自协商 全双工 1000Mbp
GE-1/1/19 电 Down Up 自协商 全双工 1000Mbp
GE-1/1/20 电 Down Up 自协商 全双工 1000Mbp
GE-1/1/1 光 Down Up 自协商 全双工 10Gbps
GE-1/1/2 光 Down Up 自协商 全双工 10Gbps
GE-1/1/3 光 Down Up 自协商 全双工 10Gbps
GE-1/1/4 光 Down Up 自协商 全双工 10Gbps
GE-1/1/5 光 Up Up 自协商 全双工 1Gbps
GE-1/1/6 光 Down Up 自协商 全双工 1Gbps
GE-1/1/7 光 Down Up 自协商 全双工 1Gbps
GE-1/1/8 光 Down Up 自协商 全双工 1Gbps

图 4-24　SW_S1 物理接口配置图

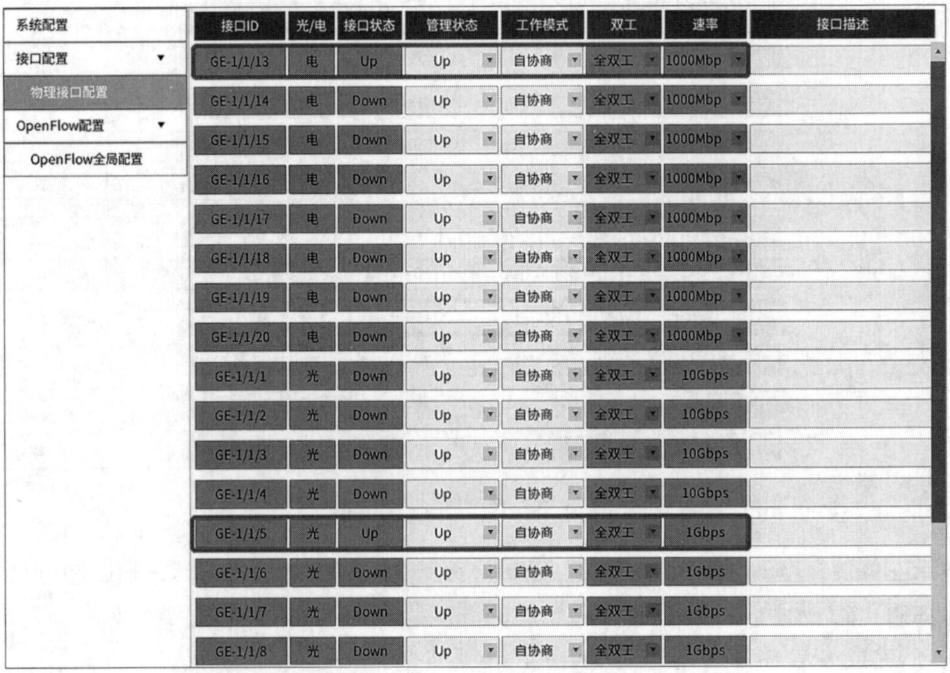

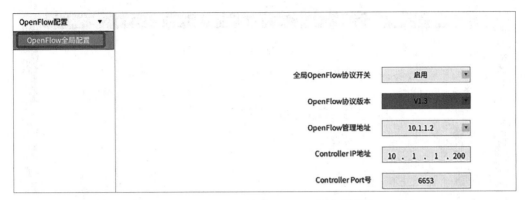

图 4-25　SW_S1 的 OpenFlow 全局配置图

- 步骤 1.9 PC 数据配置。

单击"设备导航"-"1 架"-"PC0",在 PC 的详细界面单击"设备配置",在弹出的界面中选择"地址设置",根据设备 IP 地址规划表将数据填写完整,如图 4-26 所示。

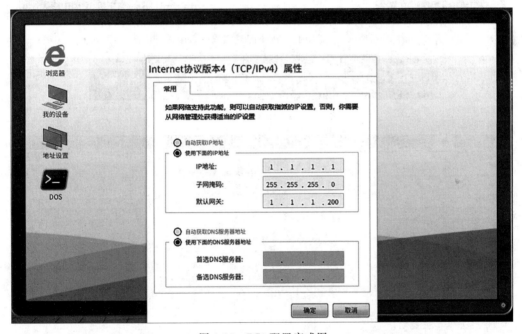

图 4-26　PC0 配置完成图

同理,完成 PC1 的 IP 地址配置,如图 4-27 所示。

二、OpenFlow 流表

- 步骤 2.1 进入 SDN 服务器网页。

完成上述操作后,单击"设备配置"旁边的按钮,进入浏览器页面,单击上方的拓扑可查看已配置完毕的设备的连接是否正确,如图 4-28 和图 4-29 所示。

- 步骤 2.2 查看及流表。

单击上方的"流表配置",可以看到 SW_S0 和 SW_S1 的默认流表,如图 4-30 所示。

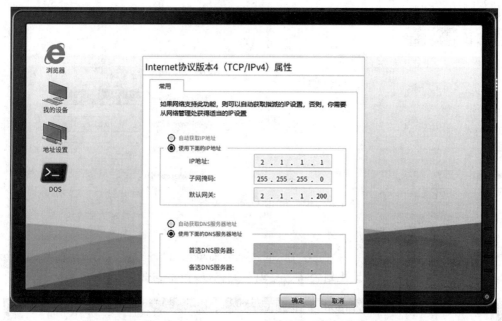

图 4-27　PC1 配置完成图

图 4-28　进入网页按钮选择图

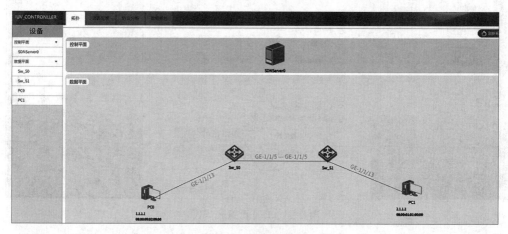

图 4-29　设备拓扑图

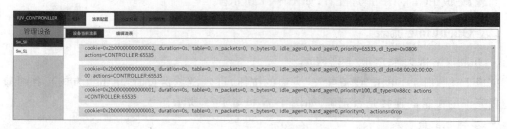

图 4-30　SW_S0 默认流表图

- 步骤 2.3 添加流表。

完成上一步骤后，单击上方的"编辑流表"，流表配置如图 4-31、图 4-32、图 4-33 和图 4-34 所示。

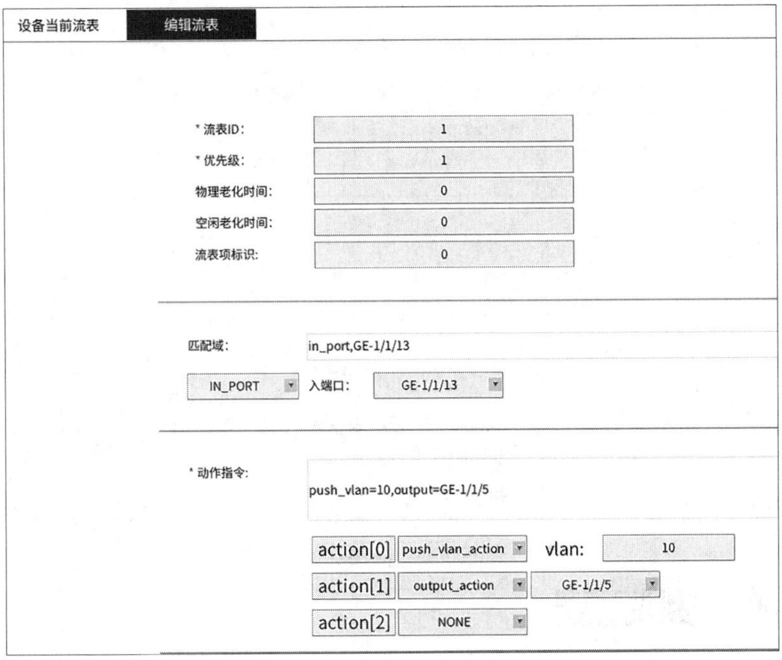

图 4-31　SW_S0 添加流表图(一)

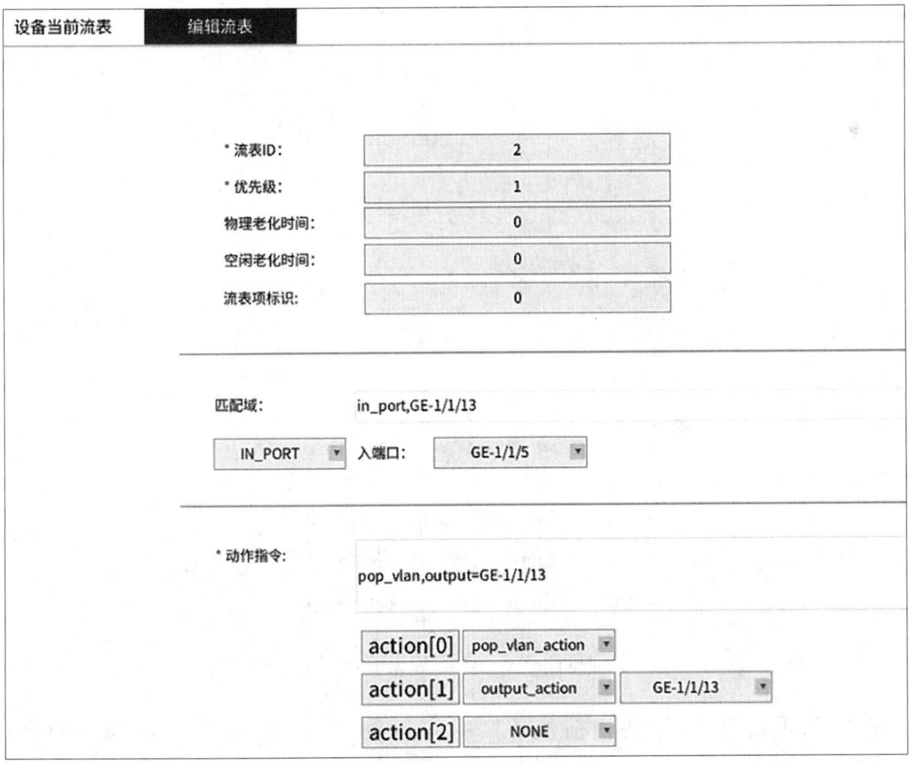

图 4-32　SW_S0 添加流表图(二)

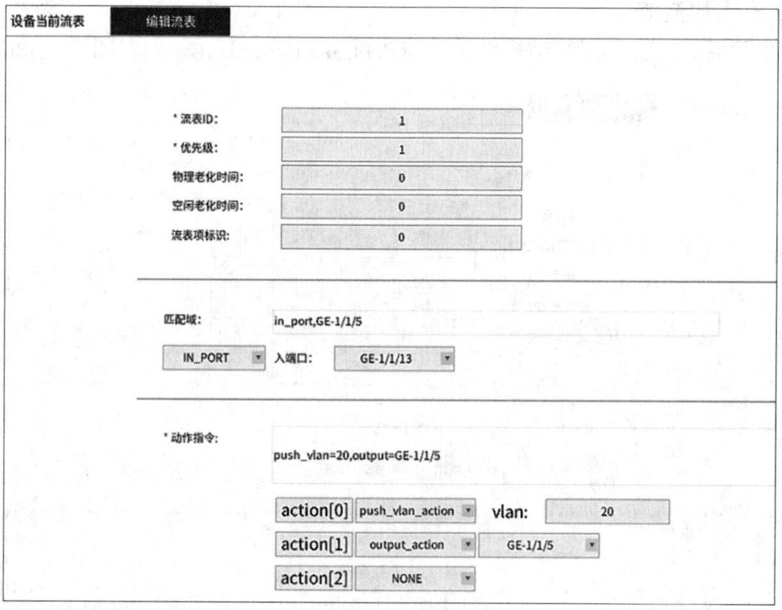

图 4-33　SW_S1 添加流表图(一)

图 4-34　SW_S1 添加流表图(二)

　　添加完毕后,重新返回"设备当前流表"中,可以发现两个 SW 设备都新增两个流表,如图 4-35 和图 4-36 所示。

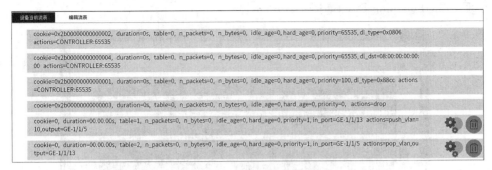

图 4-35　SW_S0 流表添加完成图

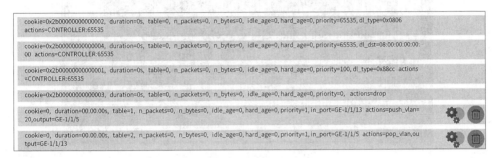

图 4-36　SW_S1 流表添加完成图

三、OpenFlow 转发控制原理

• 步骤 3.1 验证 PC 的互通情况（流表创建前）。

单击"设备导航"-"1 架"-"PC0"，在 PC 的详细界面单击"设备配置"，在弹出的界面中选择"Dos"，将 PC0 ping PC1，如图 4-37 所示。

图 4-37　PC0 ping PC1 图

同理,完成 PC1 ping PC0,如图 4-38 所示。

图 4-38   PC1 ping PC0 图

通过上述情况,可以发现两者并不互通。

- 步骤 3.2 添加流表。

为 SW_S0 和 SW_S1 各添加两个流表,如图 4-39 和图 4-40 所示。

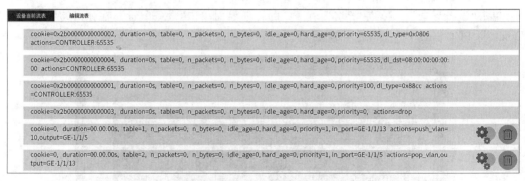

图 4-39   SW_S0 流表添加完成图

图 4-40   SW_S1 流表添加完成图

- 步骤 3.3 重新验证 PC 的互通情况。

重新单击"设备导航"-"1 架"-"PC0",在 PC 的详细界面单击"设备配置",在弹出的界面中选择"Dos",将两台 PC 互 ping,如图 4-41 和图 4-42 所示。

图 4-41　PC0 ping PC1 成功图

图 4-42　PC1 ping PC0 成功图

通过上述情况,可以发现两台 PC 互通了,说明 OpenFlow 的转发控制成功。

四、OpenFlow 协议数据抓包和报文分析

- 步骤 4.1 协议分析。

在浏览器页面单击上方的"协议分析",进入到协议分析界面后,右键单击 SW 设备可以进

行协议分析,在弹出的界面中可以看到 OpenFlow 流表的各项动作。单击任意一步动作会显示动作的各项信息,如图 4-43、图 4-44 和图 4-45 所示。

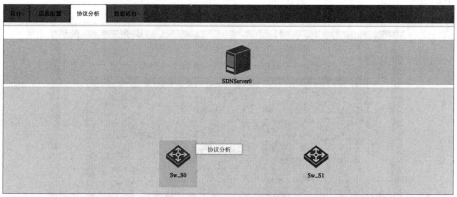

图 4-43　协议分析选择图

No	Time	Source	Destination	Protocol	Length	Info
1	0	10.1.1.1	10.1.1.200	OpenFlow	82	OFPT_HELLO
2	0.003499067	10.1.1.200	10.1.1.1	OpenFlow	90	OFPT_FEATURES_REQUEST
3	0.02018581	10.1.1.1	10.1.1.200	OpenFlow	98	OFPT_FEATURES_REPLY
4	0.02040417	10.1.1.200	10.1.1.1	OpenFlow	82	OFPT_MULTIPART_REQUEST,OFPMP_DESC
5	0.02837377	10.1.1.1	10.1.1.200	OpenFlow	1138	OFPT_MULTIPART_REPLY,OFPMP_DESC
6	0.03843267	10.1.1.200	10.1.1.1	OpenFlow	82	OFPT_MULTIPART_REQUEST,OFPMP_PORT_DESC
7	0.05298098	10.1.1.1	10.1.1.200	OpenFlow	258	OFPT_MULTIPART_REPLY,OFPMP_PORT_DESC
8	1.248129	10.1.1.200	10.1.1.1	OpenFlow	78	OFPT_SET_CONFIG
9	1.936163	10.1.1.1	10.1.1.200	OpenFlow	394	OFPT_FLOW_MOD
10	2.575161	10.1.1.200	10.1.1.1	OpenFlow	316	OFPT_PACKET_OUT

图 4-44　OpenFlow 动作图

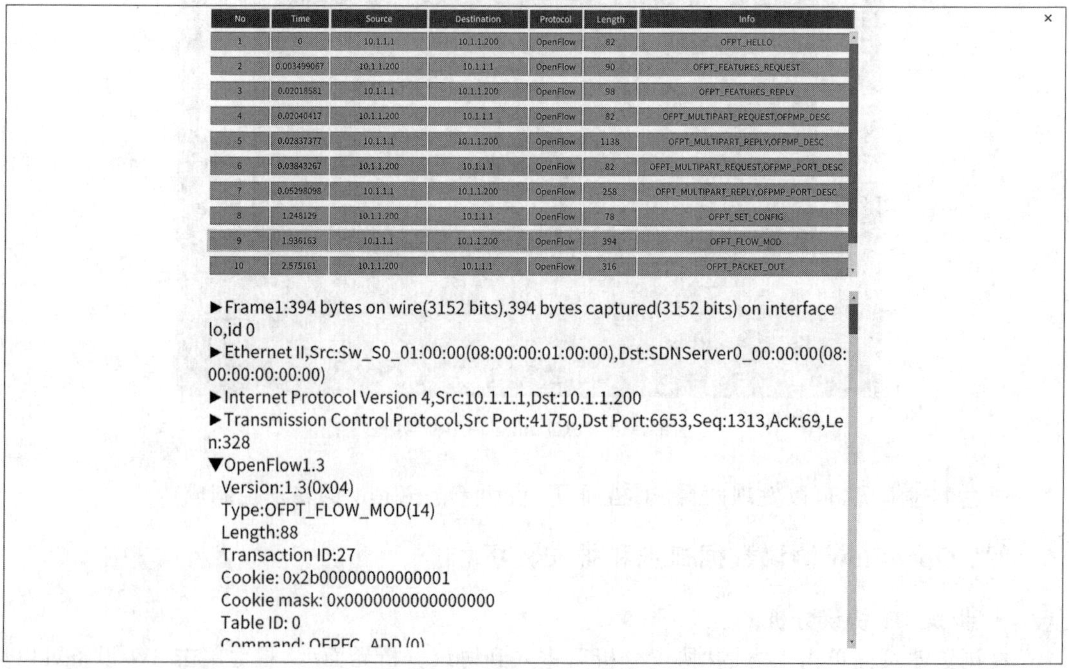

▶Frame1:394 bytes on wire(3152 bits),394 bytes captured(3152 bits) on interface lo,id 0
▶Ethernet II,Src:Sw_S0_01:00:00(08:00:00:01:00:00),Dst:SDNServer0_00:00:00(08:00:00:00:00:00)
▶Internet Protocol Version 4,Src:10.1.1.1,Dst:10.1.1.200
▶Transmission Control Protocol,Src Port:41750,Dst Port:6653,Seq:1313,Ack:69,Len:328
▼OpenFlow1.3
Version:1.3(0x04)
Type:OFPT_FLOW_MOD(14)
Length:88
Transaction ID:27
Cookie: 0x2b00000000000001
Cookie mask: 0x0000000000000000
Table ID: 0
Command: OFPFC_ADD (0)

图 4-45　OpenFlow 动作信息图

• 步骤 4.2 数据抓包。

在浏览器页面单击上方的"数据抓包",在完成 PC0 ping PC1 后,鼠标右键单击 PC0 与
SW_S0 间的连线可进行数据抓包,在弹出的界面中可以看到每条报文的信息,单击任意一条
报文会显示报文的详细信息,如图 4-46 和图 4-47 所示。

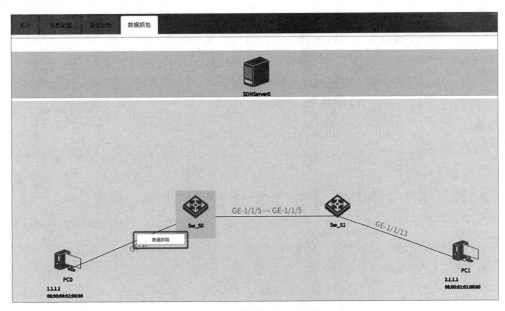

图 4-46　数据抓包选择图

No	Time	Source	Destination	Protocol	Length	Info
1	0	08:00:00:02:00:00	ff:ff:ff:ff:ff:ff	ARP	68	Who has 2.1.1.1? Tell 1.1.1.1
2	0	08:00:01:01:00:00	08:00:00:02:00:00	ARP	68	2.1.1.1 is at 08:00:01:01:00:00
3	0	1.1.1.1	2.1.1.1	ICMP	98	Echo(ping) request id=0x0100,seq=256/1,ttl=255(reply)
4	0	2.1.1.1	1.1.1.1	ICMP	98	Echo(ping) request id=0x0100,seq=256/1,ttl=253(requ

▶Frame 1:68 bytes on wire(544 bits),68 bytes captured(544 bits) on interface s1-eth1,id 0
▼Ethternet II,Src:08:00:00:02:00:00(08:00:00:02:00:00),Dst:ff:ff:ff:ff:ff:ff(ff:ff:ff:ff:ff:ff)
　Destination:ff:ff:ff:ff:ff:ff(ff:ff:ff:ff:ff:ff)
　Source:08:00:00:02:00:00(08:00:00:02:00:00)
Type:ARP(0x0806)
▼Address Resolution Protocol(Request)
　Hadware type:Ethernet(1)
　Protocol type:IPv4(0x8000)
　Hardware size:6
　Protocol size:4
　Opcode:Request(1)
　Sender MAC address:08:00:00:02:00:00
　Sender IP adress:1.1.1.1

图 4-47　报文详细分析图

【任务拓展】

思考一下,如何使用其他的动作指令创建 OpenFlow 流表?

【任务测验】

1. OpenFlow 控制器与交换机之间的控制通道采用什么协议加密?

A. TLS   B. SSL   C. SSH   D. SA

2. OpenFlow 是基于哪一个组件执行转发动作?

A. 控制器   B. 流表   C. 端口   D. 交换机

答案:

1. A;2. B。

任务 4.2　SDN 场景实验

【任务描述】

本任务以 SDN 场景应用为目标,旨在训练多种 SDN 场景下的技术应用。通过此任务,可以加深对 SDN 技术原理的认识,了解典型 SDN 应用场景。

【任务准备】

(1) 了解典型 SDN 应用场景;

(2) 了解典型 SDN 应用技术。

一、零配置部署

零配置部署(Zero Touch Provisioning,ZTP)是指新出厂或空配置设备上电启动时采用的一种自动加载开局文件(包括系统软件、补丁文件、配置文件等)的功能。设备运行 ZTP 功能,可以自动获取并自动加载开局文件,实现设备的免现场配置和部署,从而降低人力成本,提升部署效率。

在部署网络设备时,设备安装完成后,需要管理员到安装现场,对设备进行软件调试。当设备数量较多、分布较广时,维护人员需要在每一台设备上进行手动配置或导入配置方式开局,既影响了设备部署的效率,又大大增加了人力成本。

在这种情况下,ZTP 应运而生。设备运行 ZTP 功能,可以自动获取并自动加载开局文件,实现设备的免现场配置和部署,从而降低人力成本,提升部署效率。ZTP 包含以下几种开局技术。

(1) U 盘开局:它是通过在设备上插入 U 盘的方式来完成设备开局的一种技术。

(2) DHCP 开局:它需要用户先部署 DHCP 服务器(也称为 ZTP Server),设备空配置上电后自动进入 ZTP 开局流程,通过 DHCP 方式完成自动部署,也称 DHCP 方式的 ZTP。如果用户还部署了专用的 BootStrap 服务器,使用双向认证和数据加密保证 ZTP 数据可信,则称为称安全 ZTP(Secure Zero Touch Provisioning)。

(3) 邮件开局:邮件开局是将开局邮件发送到开局邮箱,开局人员在收到开局邮件后,通过浏览器访问邮件中的 URL 链接启动开局流程,设备自动完成开局部署的一种开局技术。

二、POP 组网

软件定义广域网(Software-Defined WAN,SD-WAN)是将 SDN 技术应用到广域网场景中所形成的一种服务,这种服务用于连接广阔地理范围的企业网络、数据中心、互联网应用及云服务。常用场景主要分为混合组网、跨境组网和企业现网优化 3 种。

混合组网主要针对对网络质量有一定要求的企业客户,可通过本平台实现企业总部、各分支机构、数据中心之间的高品质混合互联组网,为用户提供独立的、可灵活调配资源、自助式服务的组网解决方案。

入网点(POP)位于网络企业的边缘外侧,是访问企业网络内部的进入点,外界提供的服务通过 POP 进入,这些服务包括 Internet 接入、4G/5G 接入、广域连接以及电话服务等。

在企业中,POP 提供通往外部服务和站点的链路,POP 可以直接连接到一家或多家 ISP,这样内部用户便可以通过这些链路来访问 Internet。企业的远程站点也通过 POP 连接在一起,这些远程站点之间的广域链路由服务商建立。POP 组网示意图如图 4-48 所示。

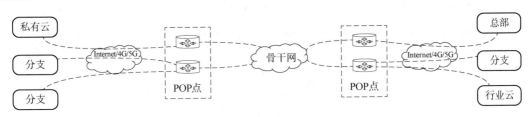

图 4-48　POP 组网示意图

【任务实施】

一、零配置网络快速部署技术

• 步骤 1.1 模式选择。

登录 SDN 软件后,在"模式选择"中选择"SDN 实验",在弹出的窗口中的"广域网 SDN 实验"中单击"零配置部署 CPE 实验",如图 4-49 所示。

• 步骤 1.2 应用场景设置。

完成上一步骤后,在弹出的界面选择"应用场景设置",进入界面后可看到零配置部署 CPE 设备应用场景的业务描述,如图 4-50 所示。

• 步骤 1.3 查看场景组网。

完成上一步骤后,单击上方的"场景组网",进入界面后可以看到本实验环境的组网架构以及预配置条件(其中 SDN 控制器的域名和端口号已给出),如图 4-51 所示。

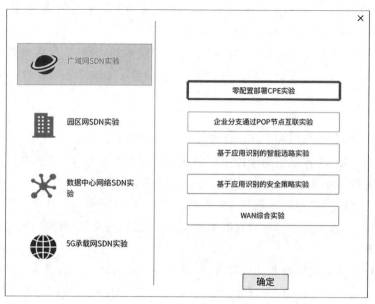

图 4-49   选择零配置部署 CPE 实验图

图 4-50   零配置部署 CPE 设备应用场景业务描述图

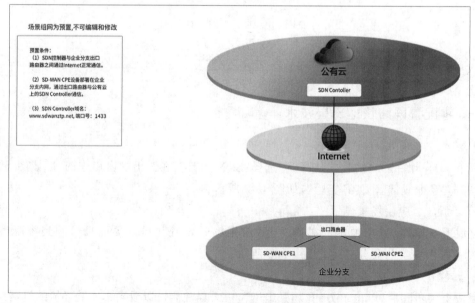

图 4-51   场景组网架构图

- 步骤 1.4 Controller 配置。

完成上一步骤后，单击上方的"设备配置"，选择"Controller 配置"，勾选下方的"零配置部署功能"和"Netconf 管理协议"，并单击下方的"导入设备"，在弹出的窗口处单击"确定"按钮，如图 4-52 和图 4-53 所示。

图 4-52 启用功能图

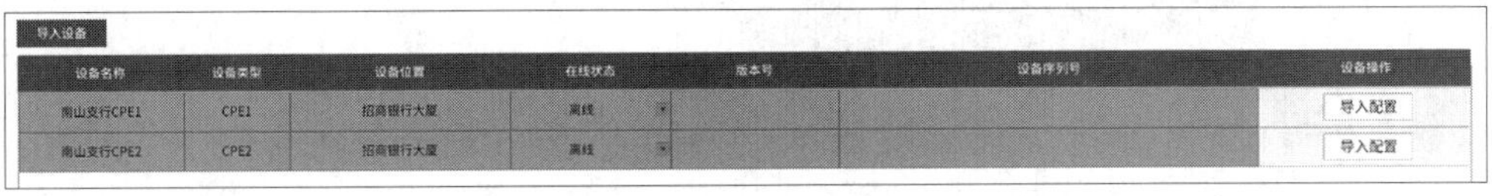

图 4-53 设备导入完成图

- 步骤 1.5 导入配置。

完成上一步骤后，单击"设备操作"下方的"导入配置"，填写版本信息 1.0 和配置文件 sdn.cfg，填写完成后会自动生成序列号（CPE1 和 CPE2 配置相同），如图 4-54 和图 4-55 所示。

图 4-54 配置信息填写图

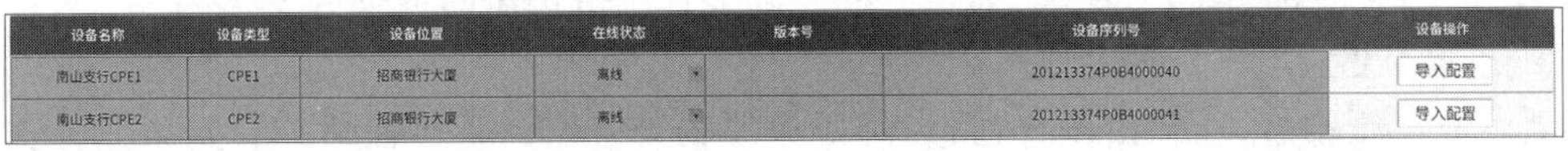

图 4-55 配置导入完成图

- 步骤 1.6 出口路由器配置。

完成上一步骤后，单击上方的"出口路由器"，在弹出的界面中，参照下方的图片将数据填写完整，如图 4-56 所示。

- 步骤 1.7 业务验证。

完成上一步骤后，单击上方的"业务验证"，勾选左边的"南山支行 CPE1"和"南山支行 CPE2"并单击设备上电，观察左侧方框中 CPE 的动作，直至"数据更新成功"表示设备上电成功，同时组网架构中的 CPE 也会变成蓝色，如图 4-57 所示。

图 4-56 出口路由器配置图

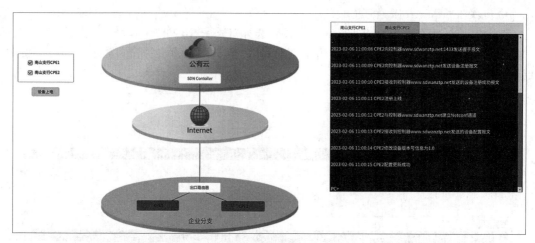

图 4-57　CPE1 设备上电成功图

• 步骤 1.8 查看 CPE 设备在线状态。

完成上一步骤后,单击"设备配置"可以看到 CPE1 和 CPE2 显示在线状态,且版本号也显示出来了,如图 4-58 所示。

导入设备

设备名称	设备类型	设备位置	在线状态	版本号	设备序列号	设备操作
南山支行CPE1	CPE1	招商银行大厦	在线	1.0	201213374P0B4000040	导入配置
南山支行CPE2	CPE2	招商银行大厦	在线	1.0	201213374P0B4000041	导入配置

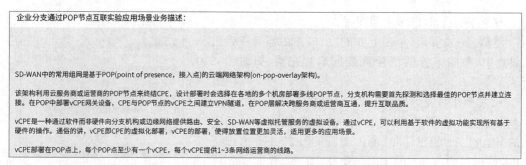

图 4-58　CPE 设备在线状态图

二、多 POP 节点互联技术

• 步骤 2.1 模式选择。

登录 SDN 软件后,在"模式选择"中选择"SDN 实验",在弹出的窗口中的"广域网 SDN 实验"中单击"零配置部署 CPE 实验",详细参考"零配置网络快速部署技术"步骤 1.1。

• 步骤 2.2 应用场景设置。

完成上一步骤后,在弹出的界面选择"应用场景设置",进入界面后可看到企业分支通过 POP 节点互联实验应用的目的,如图 4-59 所示。

企业分支通过POP节点互联实验应用场景业务描述:

SD-WAN中的常用组网是基于POP(point of presence,接入点)的云端网络架构(on-pop-overlay架构)。

该架构利用云服务商或运营商的POP节点来终结CPE,设计部署时会选择在各地的多个机房部署多线POP节点,分支机构需要首先探测和选择最佳的POP节点并建立连接。在POP中部署vCPE网关设备,CPE与POP节点的vCPE之间建立VPN隧道,在POP层解决跨服务商或运营商互通,提升互联品质。

vCPE是一种通过软件而非硬件向分支机构或边缘网络提供路由、安全、SD-WAN等虚拟托管服务的虚拟设备。通过vCPE,可以利用基于软件的虚拟功能实现所有基于硬件的操作。通俗的讲,vCPE即CPE的虚拟化部署,vCPE的部署,使得放置位置更加灵活,适用更多的应用场景。

vCPE部署在POP点上,每个POP点至少有一个vCPE,每个vCPE提供1~3条网络运营商的线路。

图 4-59　企业分支通过 POP 节点互联实验应用目的图

• 步骤 2.3 查看场景组网。

完成上一步骤后,单击上方的"场景组网",进入界面后可以看到本实验环境的组网架构以及预配置条件,单击组网架构下方的"网络规划数据"可以查看各设备的数据规划,如图 4-60 和图 4-61 所示。

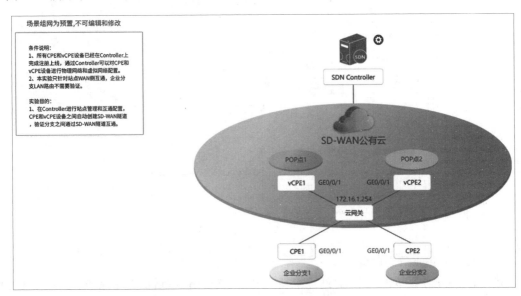

图 4-60　场景组网架构图

网络规划数据

全局参数

IP Sec加密	加密算法	全局路由协议	AS号	隧道IP地址池
启用	AES128	BGP	65501	10.20.0.0/16

WAN接口

设备名称	WAN链路类型	接口	WAN口IP	WAN口网关
vCPE1	Internet	GE0/0/1	172.16.1.1/24	172.16.1.254
vCPE2	Internet	GE0/0/1	172.16.1.2/24	172.16.1.254
CPE1	Internet	GE0/0/1	172.16.1.11/24	172.16.1.254
CPE2	Internet	GE0/0/1	172.16.1.12/24	172.16.1.254

物理网络WAN路由

设备名称	对端IP	对端AS	本端AS
vCPE1	172.16.1.1/24	100	101
vCPE2	172.16.1.2/24	100	102
CPE1	172.16.1.11/24	100	201
CPE2	172.16.1.12/24	100	202

虚拟网络配置数据

虚拟网名称	对端IP	RR站点
VN1	POP点1,POP点2,分支站点1,分支站点2	POP点1

图 4-61　网络规划数据图

- 步骤 2.4 全网参数配置。

完成上一步骤后,单击上方的"设备配置",选择下方的"全局参数",参照网络规划数据图填写将数据填写完整,如图 4-62 所示。

图 4-62　全局参数配置图

- 步骤 2.5 站点管理配置。

完成上一步骤后,单击上方的"站点管理",单击"新增站点"增加四个站点,参照网络规划数据图填写将数据填写完整,如图 4-63、图 4-64、图 4-65 和图 4-66 所示。

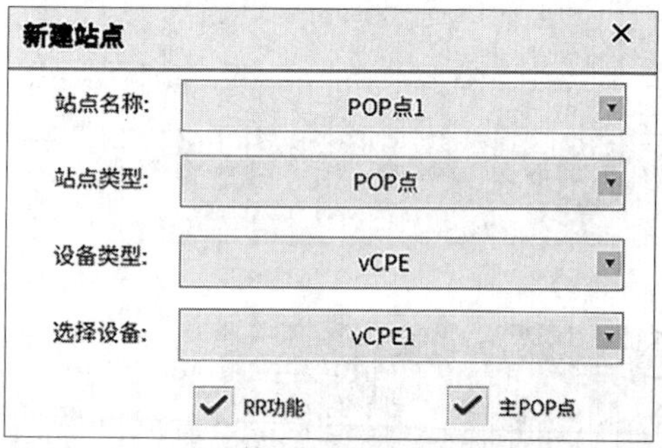

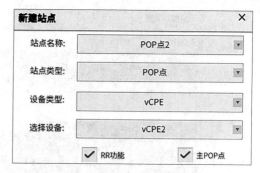

图 4-63　POP 点 1 配置图

图 4-64　POP 点 2 配置图

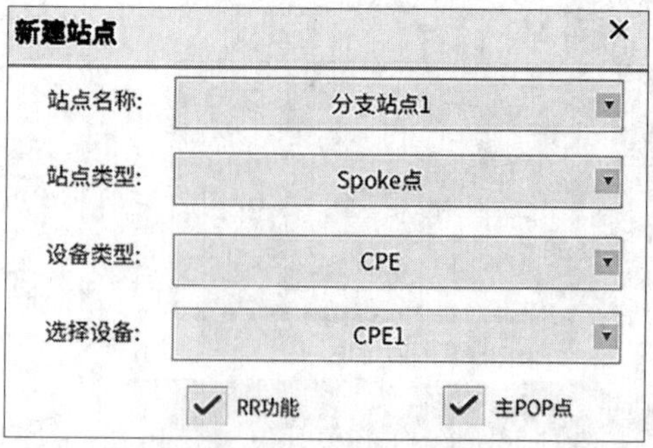

图 4-65　分支站点 1 配置图

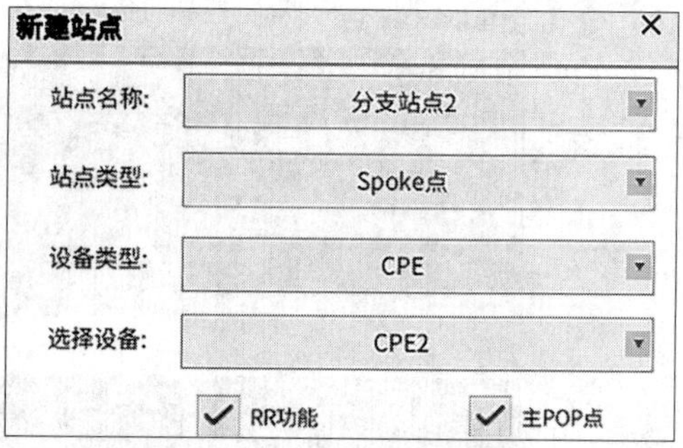

图 4-66　分支站点 2 配置图

- 步骤 2.6 物理网络配置。

完成上一步骤后,单击上方的"物理网络配置",分别单击站点最后"操作"下方的"接口配置"对四个站点进行 WAN 接口配置,参照网络规划数据图填写将数据填写完整,如图 4-67、图 4-68、图 4-69 和图 4-70 所示。

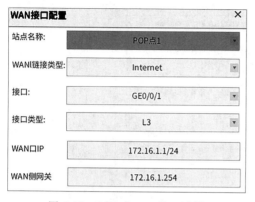

图 4-67　POP 点 wan 接口配置 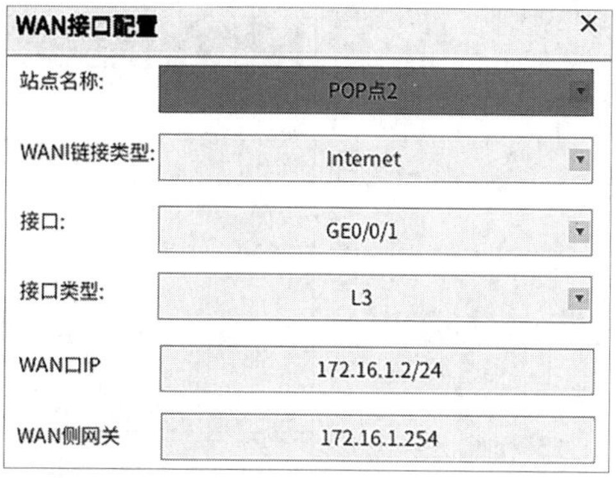　　　　图 4-68　POP 点 2 WAN 接口配置图

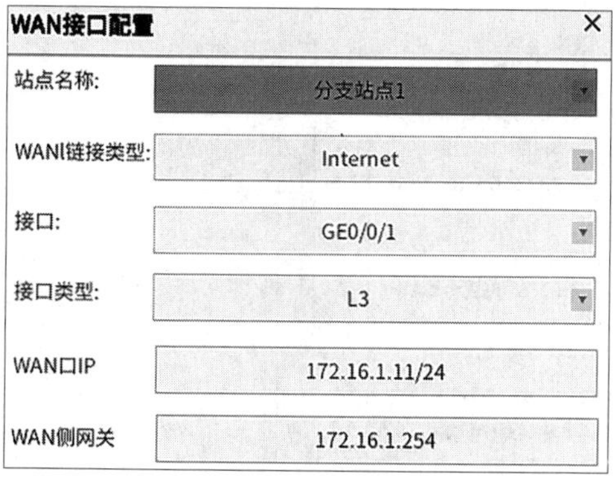

图 4-69　分支站点 1WAN 接口配置图 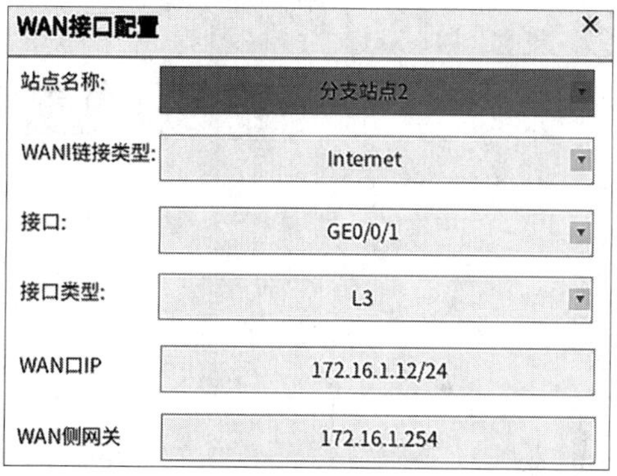　　　　图 4-70　分支站点 2WAN 接口配置图

- 步骤 2.7 虚拟网络配置。

完成上一步骤后,单击上方的"虚拟网络配置",分别勾选启用"POP 互访"和"隧道链路检测"功能并设置好检测间隔,如图 4-71 所示。

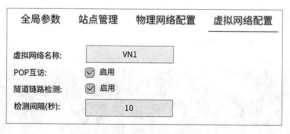

图 4-71　虚拟网络配置图

- 步骤 2.8 站点部署配置。

完成上一步骤后,单击上方的"站点部署",进入弹出的界面后,单击左上方的"部署"按钮

对设备进行部署,部署完成后单击后方的"部署详情"查看部署情况,可以查看到各站点的隧道IP设置,如图 4-72 和图 4-73 所示。

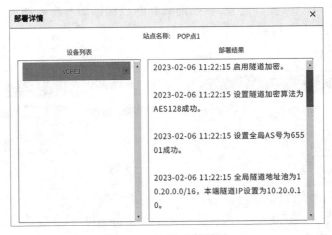

图 4-72　POP 点部署图

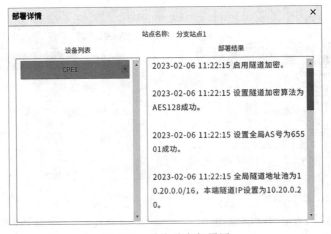

图 4-73　分支站点部署图

- 步骤 2.9 连通性验证。

完成上一步骤后,单击上方的"业务验证",选择下方的"连通性验证",分别测试不同站点间的连通性,如图 4-74 所示。

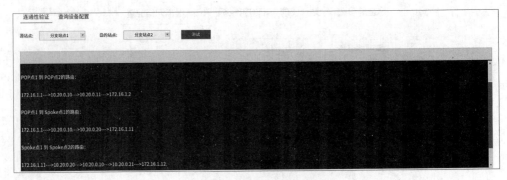

图 4-74　连通性验证图

• 步骤 2.10 查询设备配置。

完成上一步骤后，单击上方的"查询设备配置"，每个设备都能分别查询"Overlay 隧道表"，"Underlay 路由表"和"Overlay 路由表"三种表项（下列以 vCPE1 设备为例，其他设备操作同 vCPE1），如图 4-75、图 4-76 和图 4-77 所示。

图 4-75　vCPE1 的 Overlay 隧道表图

图 4-76　vCPE2 的 Underlay 路由表图

图 4-77　vCPE3 的 Overlay 路由表图

三、基于应用的智能选路技术

• 步骤 3.1 模式选择。

登录 SDN 软件后，在"模式选择"中选择"SDN 实验"，在弹出的窗口中的"广域网 SDN 实验"中单击"基于应用识别的智能路由实验"，详细参考"零配置网络快速部署技术"步骤 1.1。

• 步骤 3.2 应用场景设置。

完成上一步骤后，在弹出的界面选择"应用场景设置"，进入界面后可看到基于应用识别的智能路由实验设计的目的，如图 4-78 所示。

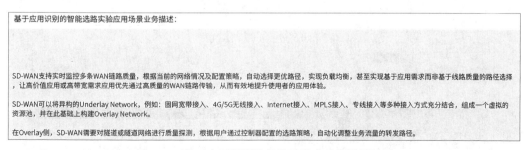

图 4-78　基于应用识别的智能选路实验设计目的图

- 步骤 3.3 查看场景组网图。

完成上一步骤后，单击上方的"场景组网"，进入界面后可以看到本实验环境的组网架构以及预配置条件，如图 4-79 所示。

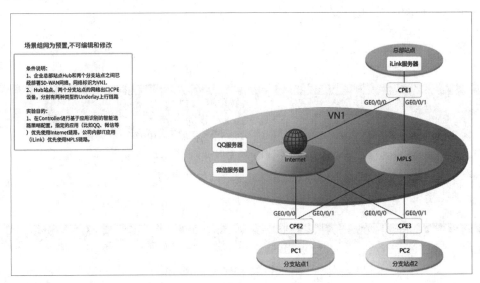

图 4-79　场景组网架构图

- 步骤 3.4 应用识别配置。

完成上一步骤后，单击上方的"设备配置"，选择"应用识别配置"，勾选启用应用识别功能，软件主要提供 QQ、微信和企业内部 Link 三种应用，用户可以在知道目的端口和协议的条件下自行配置应用，如应用名为"视频"，目的端口为"100"，协议为"TCP"协议，配置如图 4-80 和图 4-81 所示。

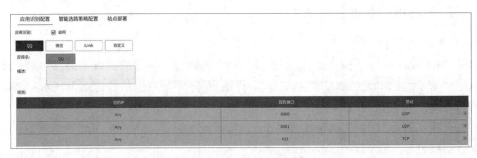

图 4-80　应用识别配置图

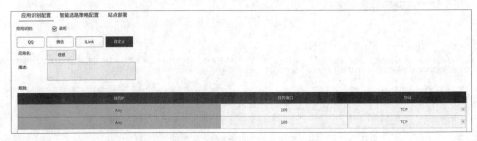

图 4-81　自定义软件图

- 步骤 3.5 智能选路策略配置。

完成上一步骤后,单击上方的"智能选路策略配置",分别为总站站点,分支站点 1 和分支站点 2 配置应用和主备链路,根据场景组网中的说明填写相关数据,如图 4-82、图 4-83 和图 4-84 所示。

图 4-82　总站点策略配置图

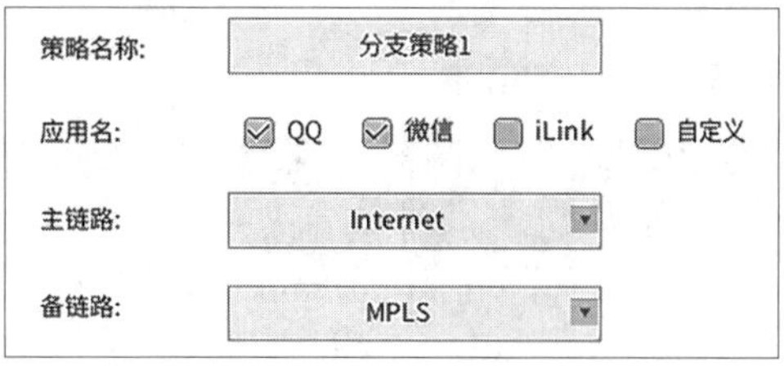

图 4-83　分支站点 1 策略配置图

图 4-84　分支站点 2 策略配置图

- 步骤 3.6 站点部署。

完成上一步骤后,单击上方的"站点部署",单击左上方的"部署"进行站点部署,部署完毕后,单击站点最后的"部署详情"可查看部署的结果,如图 4-85 和图 4-86 所示。

图 4-85　站点部署图

图 4-86　总站站点部署结果图

- 步骤 3.7 查询设备接口。

完成上一步骤后,单击上方的"业务验证",选择"查询设备接口",选择设备后进行查询(此处以分支站点 1 为例),可查看站点的接口状态和信息,如图 4-87 所示。

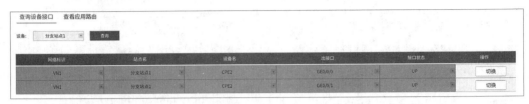

图 4-87　分支站点 1 接口图

- 步骤 3.8 查看应用路由。

完成上一步骤后,单击上方的"查看应用路由",单击"刷新",可查看各站点的应用和主备链路情况,如图 4-88 所示。

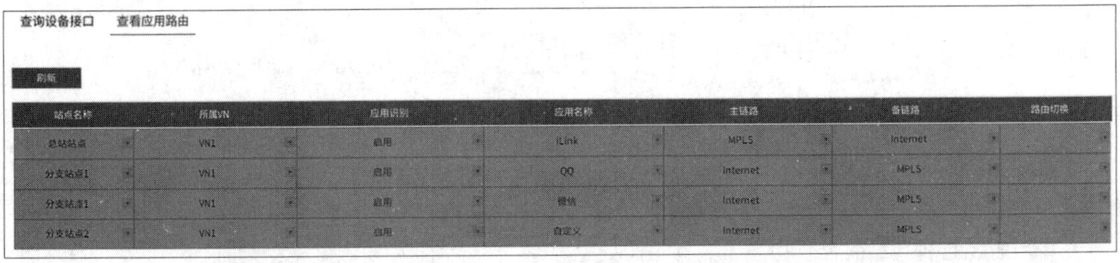

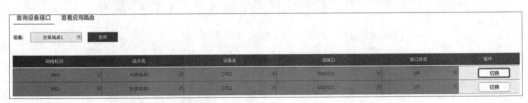

图 4-88　应用路由图

- 步骤 3.9 路由切换。

完成上一步骤后,回到"查询设备接口"界面,单击分支站点 1 的 GE0/0/0 接口后面的"切换"按钮,再回到"查看应用路由"界面,再单击"刷新",可以看到分支站点 1 的路由切换成功,如图 4-89 和图 4-90 所示。

图 4-89　分支站点接口切换图

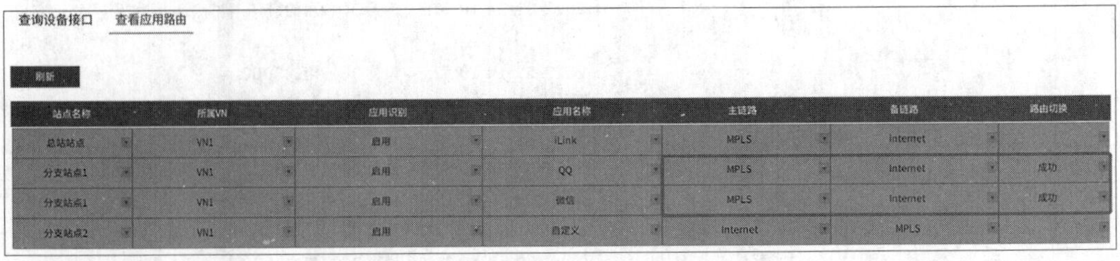

图 4-90　路由切换成功图

【任务拓展】

思考一下,通过这三个技术能否说说自己对 SDN 的理解?

【任务测验】

1. SDN 的典型特征包括(　　　)。

A. 控制面与转发面分离　　　　　　　B. 开放可编程接口

C. 集中化的网络控制　　　　　　　　D. 网络自动化控制

2. SDN 的主流技术路线有哪几种(　　　)。

A. OpenFlow 控制转发分离　　　　　B. 网络开放 API

C. Overlay 网络叠加　　　　　　　　D. NFV 网络功能虚拟化

答案:

1. ABCD;2. ABCD。

项目 5　网—5G 全网建设技术

任务 5.1　5G 网络概述

一、概述

第五代移动通信技术（5th Generation Mobile Communication Technology,5G）是具有高速率、低延时和大连接特点的新一代宽带移动通信技术,是实现人机物互联的网络基础设施。自 2019 年至今,5G 全网建设已取得了重大进展。5G 全网建设的总流程包含网络规划、网络建设、网络维护、网络优化等四方面流程。

本章节将通过规划 5G 核心网,无线网的设备配置以及 5G 独立组网的解析三个主要任务,让学生了解无线网络规划的关键流程和方法,加深对 5G 网络的理解。

二、5G 系统架构

由于 5G 网络使用的频段较高,在建设初期很难形成连片覆盖,因此在部署 5G 的同时以成熟 4G 网络作为辅助显得格外重要。组网架构总体上可分为两大类,即独立组网（SA,Standalone）和非独立组网（NSA,Non-Standalone）。

独立组网（SA）是指以 5G NR 作为控制面锚点接入 5G 核心网,非独立组网（NSA）是指 5G NR 的部署以 LTE eNB 作为控制面锚点接入 4G 核心网,或以 eLTE eNB 作为控制面锚点接入 5G 核心网。协议规定的组网架构如图 5-1 所示。

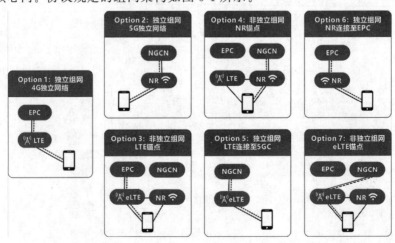

图 5-1　5G 组网选项

（1）选项 1：独立组网，即 LTE 基站连接 4G 核心网，这是目前 4G 网络的组网架构。

（2）选项 2：独立组网，即 5G NR 基站连接到 5G 核心网。

（3）选项 3：非独立组网，即 LTE 和 5G NR 基站双连接 4G 核心网。

（4）选项 4：非独立组网，即 5G NR 和 LTE 基站双连接 5G 核心网。

（5）选项 5：独立组网，即 LTE 基站连接 5G 核心网。

（6）选项 6：独立组网，即 5G 基站连接 4G 核心网，实用价值小，商用未采纳。

（7）选项 7：非独立组网，即 LTE 和 5G NR 基站双连接 5G 核心网。

1. 非独立组网

选项 3 系列：终端同时连接到 5G NR 和 4G LTE，核心网沿用 EPC。在控制面，Option3 系列完全依赖现有的 LTE。但在用户面的锚点上有区别，这就是 Option3（选项 3）系列有 3、3a 和 3x 三个子选项的原因，如图 5-2 所示为 Option3 的三种子选项。

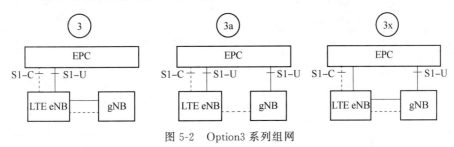

图 5-2　Option3 系列组网

Option3 的特点如下：
- 5G 基站的控制面和用户面均锚定于 4G 基站。
- 5G 基站不直接与 EPC 相连，它通过 4G 基站连接到 EPC。
- 4G 和 5G 数据流量在 4G 基站分流后再传送到终端。

Option3a 的特点如下：
- 5G 基站的控制面锚定于 4G 基站。
- 4G 和 5G 的用户面各自直通 EPC，数据流量在 EPC 分流后再传送到终端。

Option3x 的特点如下：
- 5G 基站的控制面锚定于 4G 基站。
- 4G 和 5G 数据流量在 5G 基站分流后再传送到终端。

Option3x 充分发挥了 5G 基站超强的处理能力，也减轻了 4G 基站的负载，受到运营商的青睐。目前全球很多运营商都宣布支持选项 3x 进行初期的 5G 网络部署。

2. 独立组网

独立组网时，核心网采用 5GC，无线接入网可以是 5G NR，也可以是 4G LTE 升级后的 eLTE，分别对应组网选项中的选项 2 和选项 5。

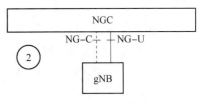

图 5-3　Option2 组网

Option2：采用 5G NR 和 5GC 独立组网，是 5G 网络的终极目标，Option2 的组网架构如图 5-3 所示。

运营商一旦选择从 Option2 开始建网，就意味着需要大规模投资建设，在早期 5G 新应用还未爆发的现状下，这要求运营商需平衡好 4G 资产保护和 5G 建网投入。

3. SA 与 NSA 对比

这里可以从各个方面总结对比 SA 和 NSA 的差异性,如表 5-1 所示。

表 5-1　SA 与 NSA 对比分析

对比项	SA	NSA
覆盖要求	初期要形成连续覆盖	初期不需要形成连续覆盖
投资成本	一步到位,建网总成本低	初期投资少,但二次改造后总成本高
标准冻结时间	2018 年 6 月,晚于 NSA 半年	2017 年 12 月,早于 SA 半年
产业成熟度	略晚于 NSA	略早于 SA
终端	终端上行双发,上行覆盖能力较强;终端仅连接 NR 一种无线接入技术,对 4G 采用回落技术,简单成熟	终端上行单发,上行覆盖能力较弱;终端需要支持 LTE 和 NR 双连接,4G 和 5G 两个基带同时工作,终端更耗电
新业务支持能力	引入 5G 核心网,可支持三大场景和网络切片	使用传统 4G 核心网,只能支持 eMBB,且无法支持网络切片
语音能力	4G VoLTE	VoNR 或者回落至 4G VoLTE
网络安全与开放	5G 核心网比 4G EPC 更强,具有更强的加密算法,更安全的隐私加密,更安全的网间互联和更安全的用户数据,可全面实现网络安全防护	安全与 4G 网络一致,无开放能力

任务 5.2　5G 独立组网设备部署

【任务描述】

本任务以构建 5G 独立组网 Option2 架构为目标,旨在训练 5G 核心网和无线站点的设备部署。通过此任务,可以加深对 5G 核心网的设备和网络功能的认识,了解 Option2 架构下无线站点的设备部署方法。

【任务准备】

完成本任务,需要做以下知识准备:

(1) 了解 5G 基站的组成;

(2) 了解 5GC 的网络架构;

(3) 了解 5GC 主设备;

(4) 了解 5G 机房线缆;

(5) 了解 ITBBU 设备;

(6) 了解 5G 基站设备 AAU;

(7) 了解 GPS 天线。

一、核心网部署

1. 5G 基站架构

4G 无线网络架构,基站由 BBU(Baseband Unit)、RRU (Remote Radio Unit)和天线三个部分组成。BBU 是基带处理单元,RRU 是射频拉远单元,天线负责信号的接收和发送。

而到了 5G 时代,已经将无线基站进行了重构。BBU 被拆分成 CU(Centralized Unit)和 DU (Distributed Unit),RRU 和天线合并在一起变成 AAU (Active Antenna Unit)。4G/5G 无线架构的演进如图 5-4 所示。

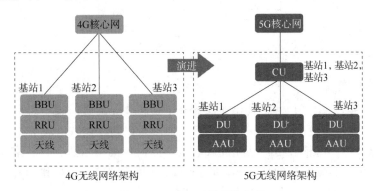

图 5-4　4G/5G 无线网络架构

CUDU 拆分后,其中 CU 与核心网对接,DU 与 AAU 或 RRU 射频设备对接,1 个 CU 可通过 F1 接口连接多个 DU,1 个 DU 只能连接到 1 个 CU。gNB 之间的 Xn 接口、EN-DC 下 gNB 与 eNB 之间的 X2 接口均终止于 CU,即 Xn 与 X2 均与 CU 相连接。NG-RAN 拓扑图如图 5-5 所示。

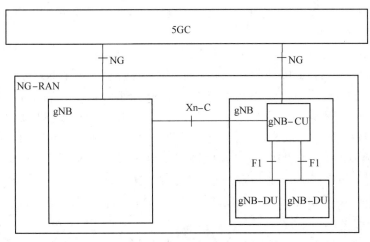

图 5-5　NG-RAN 拓扑图

CU 可进一步细分为 CUCP 与 CUUP,1 个 CUCP 可通过 E1 接口连接多个 CUUP,1 个 CUUP 只能连接到 1 个 CUCP。CUCP 可通过 F1-C 连接到 DU,CUUP 可通过 F1-U 连接到 DU,1 个 DU 只能连接到 1 个 CUCP。CU 细分拓扑图如图 5-6 所示。

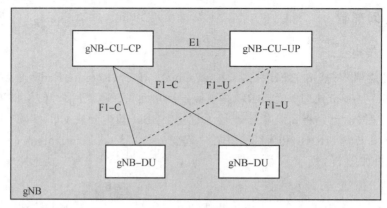

图 5-6　CU 细分拓扑图

2. 5GC 网络架构

5G 提供了丰富的业务场景,也提出了更高的性能目标,其通信速率、延时、可靠性、话务量、连接数、移动性、定位精度等关键指标与 LTE 网络相比均存在数倍的增益需求。作为移动通信网络的中枢节点,5G 核心网将是全接入和全业务的使能中心。在连接数激增、业务类型极端差异与业务模型高度随机的情况下,如何有效进行网络管理、如何快速提供切片业务、如何安全进行隐私保护将是 5G 核心网面临的主要挑战。

基于统一的物理基础设备,融合 IaaS/PaaS 云计算模式,3GPP 提出了基于服务化架构(SBA)架构的第五代移动通信系统核心网网络架构。SBA 架构结合移动核心网的网络特点和技术发展趋势,将网络功能划分为可重用的若干个"服务",可独立扩容、独立演进、按需部署。"服务"之间使用轻量的服务化接口(SBI)通信,其目标是实现 5G 系统的高效化、软件化、开放化。在此基础上,5G 核心网引入 IT 系统服务化/微服务化架构经验,实现了服务自动注册和发现、调用,极大降低了 NF 之间接口定义的耦合度,并实现了整网功能的按需定制,灵活支持不同的业务场景和需求。

5GC 包含 AMF、SMF、AUSF、UDM、NRF、PCF、NSSF、UPF、NEF 等关键网络功能(NF),并实现了用户平面(UP)功能与控制平面(CP)功能独立,每个 NF 可独立扩缩容,所有 NF 均需在 NRF 进行注册,每个 NF 可直接与其他 NF 交互。5GC 控制面将传统 EPC 网络的 MME、PCRF、HSS 等网元进行功能模块化解耦,通过 AMF、AUSF、NRF、PCF 等 NF 即可实现控制面信令传输。用户面以 SMF 为关键会话节点,通过 SMF、NRF、UPF、NSSF 等网络功能协同,实现数据传输,其中 UPF 可与 MEC 服务器部署在接入侧、汇聚侧或核心侧,以满足不同业务的延时与精度需求。在进行对外通信时,控制面 AMF 通过 N2 接口与无线侧对接,用户面 UPF 通过 N3 接口与无线侧对接,同时 UPF 通过 N6 接口与 DN 服务器对接,5GC 网络架构如图 5-7 所示。

图中网络功能之间的接口属于基于服务的接口(SBI 接口),在控制面使用 Namf、Nnrf 等。SBI 接口类似一个总线结构,每个网络功能通过 SBI 接口接入总线,接入总线的 NF 间可实现通信。SBI 接口均采用下一代超文本传输协议(Hyper Text Transport Protocol 2.0,HTTP2.0),应用层携带不同的服务消息。

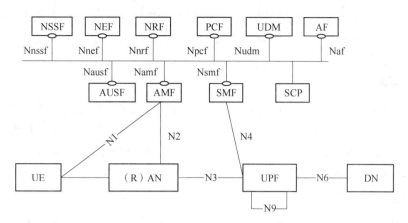

图 5-7　5GC 网络架构

3. 5GC 核心网设备

传统的通信网主要面向人与人之间的通信需求而建设,随着万物互联垂直行业的海量需求,传统网络软硬件绑定,网络实体间固化的流程架构已无法满足要求。为应对这些新的业务需求,5G 核心网依托于 CloudNative 核心思想,通过基于服务的网络架构,网络资源可切片,控制面/用户面分离,结合云化技术,实现了网络的定制化、开放性以及服务化。

基于 IUV-5G 全网部署与优化软件的设备配置模块中,需要对机房进行硬件配置。在软件要求的 Option2 组网系列下,需要部署服务器设备,通过服务器设备来虚拟各网元。下列以华为典型的 RH 系列为例,如图 5-8 所示。

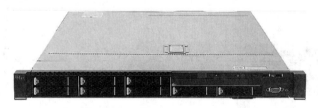

图 5-8　Huawei RH1288 V3 产品示意图

二、无线站点部署

1.（IT）BBU 设备

BBU(Base Band Unit,基带处理单元),提供基带板、交换板、主控板、环境监控板、电源板的槽位,通过板件完成系统的资源管理、操作维护和环境监控功能,接收和发送基带数据,实现天馈系统和核心网的信息交互。基站建设时,可以根据建设需求进行 BBU 的板卡选用配置,如图 5-9 所示为华为典型的无线站点设备。

相较于 4G 基站使用的 BBU 设备,

图 5-9　Huawei BBU 5900 示意图

ITBBU 是面向 5G 的下一代 IT 基带产品,它是基于软件定义架构(SDN)和网络功能虚拟化(NFV)技术的 5G 无线接入产品,可以在支持 5G 基带功能同时支持 GSM、UMTS、LTE 的基带功能。

2. AAU 设备

AAU(Active Antenna Unit,有源天线单元),集成了天线、中频、射频及部分基带功能为一体的设备,内置大量天线振子划分单元组,实现 5G Massive MIMO 和波束赋形功能,基本相当于天线和 RRU 的集合体,减少了 RRU 和天线之间馈线的损耗,直接收发信号与 BBU 进行信息交互,如图 5-10 所示为华为的 AAU 设备。

3. GPS 天线

GPS(Global Positioning System,全球定位系统),通过捕获到卫星截止角选择待测卫星,并跟踪卫星运行获取卫星信号,测量计算出天线所在地理位置的经纬度、高度等信息。GPS 一般通过馈线与 BBU 连接,由于 GPS 一般安装在室外,所以 GPS 与 BBU 之间连接需要安装避雷器,图 5-11 所示为一种典型 GPS 天线设备。

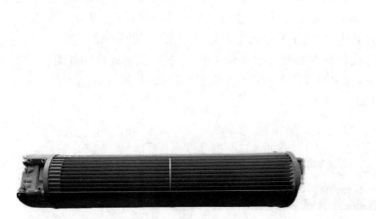

图 5-10　Huawei AAU 3940　　　　　图 5-11　TA070023 GPS 天线示意图

【任务实施】

无线站点部署流程图如图 5-12 所示。

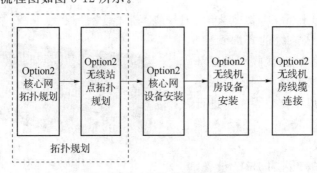

图 5-12　无线站点部署流程图

为了完成本任务,需要先根据前期网络拓扑规划,规划出 Option2 的核心网机房设备配置、Option2 无线站点机房设备配置时使用的端口。

表 5-2 Option2 核心网机房设备配置端口规划

本端机房	设备	端口	对端机房	设备	端口
兴城市核心网机房	服务器 3	10GE-1	兴城市核心网机房	SW1	10GE-1
兴城市核心网机房	SW1	100GE-18	兴城市核心网机房	ODF	1

表 5-3 Option2 无线站点机房设备配置端口规划

本端机房	设备	端口	对端机房	设备	端口
兴城市 B 站点无线机房	ITBBU	BP5G-2	兴城市 B 站点无线机房	AAU1	25GE-1
兴城市 B 站点无线机房	ITBBU	BP5G-3	兴城市 B 站点无线机房	AAU2	25GE-1
兴城市 B 站点无线机房	ITBBU	BP5G-4	兴城市 B 站点无线机房	AAU3	25GE-1
兴城市 B 站点无线机房	小型 SPN1	25GE-5/1	兴城市 B 站点无线机房	ITBBU	SW5G-1
兴城市 B 站点无线机房	ITBBU	ITGPS-10/1	兴城市 B 站点无线机房	GPS	IN
兴城市 B 站点无线机房	小型 SPN1	100GE-1/1	兴城市 B 站点无线机房	ODF	1

一、Option2 核心网拓扑规划

登录 IUV_5G,单击左上方的拓扑规划按钮。

• 步骤 1.1 配置兴城市核心网机房拓扑模块。

进入到拓扑规划模块配置后,在左侧设备池中选择"SERVER"设备,鼠标左键按住不放可以对"SERVER"的拖放,移动到兴城市核心网机房有高亮色提醒的位置上,松开鼠标完成设备的部署。接着,将 SW 拖入兴城核心网机房,鼠标单击 SERVER 会生成连接线缆,再单击 SW 即可完成连接。至此核心网机房拓扑规划配置完毕,如图 5-13 所示。

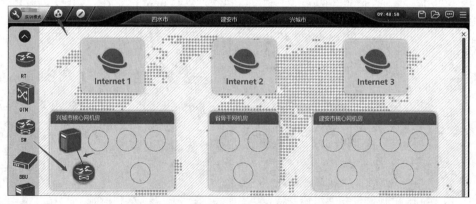

图 5-13 兴城市核心网机房拓扑配置图

二、Option2 无线站点拓扑规划

• 步骤 2.1 完成兴城无线机房拓扑规划。

在左侧设备池选择 SPN 设备和 CUDU 设备,依次将 SPN 设备和 CUDU 设备拖入兴城

市2区B站点机房,然后再把SPN设备和CUDU设备进行连线,至此,完成无线侧Option2无线拓扑规划,如图5-14所示。

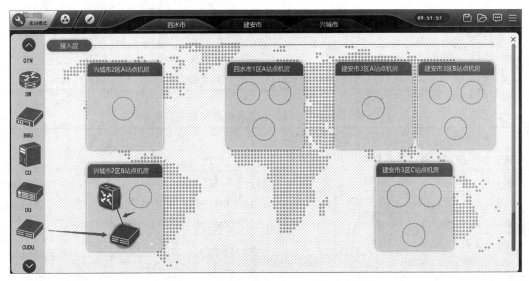

图5-14　配置无线侧Option2拓扑规划图

三、Option2核心网设备安装

• 步骤3.1 选择兴城市核心网机房。

打开IUV_5G,单击网络配置,单击设备配置,选择兴城市核心网机房,如图5-15所示。

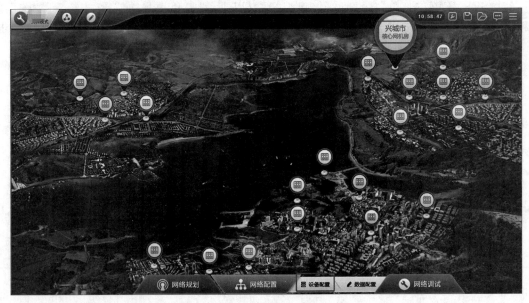

图5-15　选择兴城市核心网机房图

• 步骤3.2 选择兴城市核心网机房的左侧设备机柜。

进入兴城市核心网机房,单击图中的机柜,如图5-16所示。

图 5-16　选择核心网机柜图

- 步骤 3.3 安装通用服务器。

进入机柜,选择"设备资源池"中的通用服务器,将其拖入核心网机柜中,如图 5-17 所示。

图 5-17　通用服务器入柜图

- 步骤 3.4 选择光纤连接通用服务器端口 1。

单击通用服务器,出现图中的服务器端口界面,选择"成对 LC-LC 光纤",连接到服务器端口 1,如图 5-18 所示。

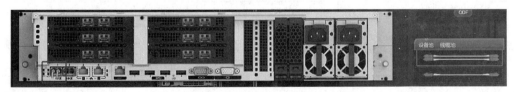

图 5-18　选择光纤连接通用服务器端口 1 图

- 步骤 3.5 完成通用服务器和 SW1 的连接。

单击设备指示中的 SW1,连接 SW1 端口 1 和通用服务器的端口 1,完成 SW1 和通用服务器的连接,如图 5-19 所示。

图 5-19　通用服务器和 SW1 的连接图

• 步骤 3.6 完成 ODF 和 SW1 的连接。

单击 ODF 架,单击"成对 LC-FC 光纤",连接 ODF 架本端为兴城市核心网机房端口 1 至
SW1 的 18 端口,如图 5-20 和图 5-21 所示。

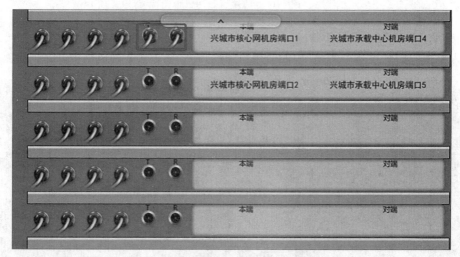

图 5-20　完成 ODF 和 SW1 的连接

图 5-21　完成 SW1 和 ODF 的连接

四、Option2 无线机房设备安装

• 步骤 4.1 选择兴城市 B 站点无线机房。

打开 IUV_5G,单击网络配置,单击设备配置,选择兴城市 B 站点机房。详细参考
Option2 核心网设备安装。

• 步骤 4.2 选择铁塔。

进入兴城市 B 站点无线机房,选择铁塔,如图 5-22 所示。

图 5-22　选择铁塔图

- 步骤 4.3 完成 AAU 5G 的安装。

依次从设备资源池选择 AAU 5G 低频安装在铁塔下层,如图 5-23 所示。

图 5-23　完成 AAU 5G 的安装图

- 步骤 4.4 进入无线站点机房。

单击机房门进入兴城市 B 站点无线机房进行机房设备安装,如图 5-24 所示。

图 5-24　进入无线站点机房图

- 步骤 4.5 基站设备机柜的设备安装。

单击第一个机柜,从"设备资源池"中选择 5G 基带处理单元(ITBBU)放入基站设备机柜,如图 5-25 所示。

图 5-25　基站设备机柜的设备安装图

- 步骤 4.6 5G 基带处理单元单板的安装。

单击 5G 基带处理单元,从设备资源池依次将"5G 基带处理板""虚拟通用计算板""虚拟环境监控板""虚拟电源分配板""5G 虚拟交换板"拖入 5G 基带处理单元,完成 5G 基带处理单元单板的安装,如图 5-26 所示。

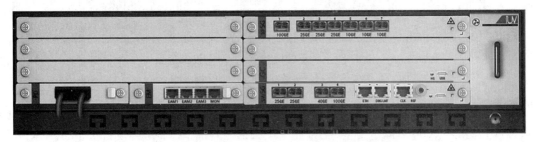

图 5-26　5G 基带处理单元单板的安装图

- 步骤 4.7 5G 传输设备 SPN 安装。

单击传输机柜,即第二个机柜,从"设备资源池"将小型 SPN 设备拖入传输机柜,如图 5-27 所示。

图 5-27　5G 传输设备 SPN 安装图

五、Option2 无线机房线缆连接

- 步骤 5.1 完成 ITBBU 和 AAU 的连接。

单击 ITBBU,单击线缆池,选择"成对 LC-LC 光纤",一端单击 BP5G 的 25GE 的端口 2,单击 AAU1,将另一端连接到 AAU1 的 25GE 端口 1,同理,完成 ITBBU 和 AAU2 和 AAU3 的连接,如图 5-28 所示。

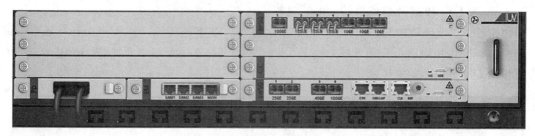

图 5-28　完成 ITBBU 和 AAU 的连接图

- 步骤 5.2 完成 ITBBU 和 SPN 的连接。

在 ITBBU 端口界面,选择线缆池中的"成对 LC-LC 光纤",单击 SW5G 的 25GE 的 1 号端口,再单击 SPN1,将另一端连接至 SPN1 的 25GE 的 1 号端口,如图 5-29 和图 5-30 所示。

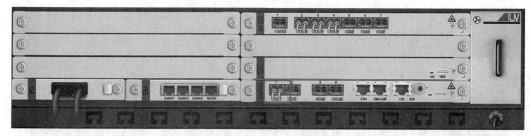

图 5-29　完成 ITBBU 和 SPN 的连接图

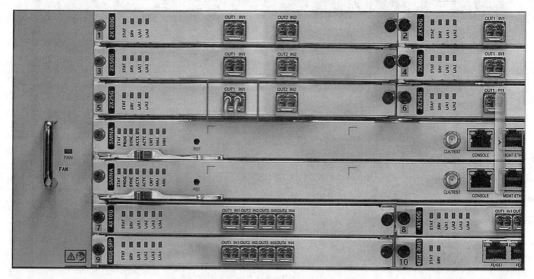

图 5-30　完成 SPN 和 ITBBU 的连接图

- 步骤 5.3 完成 ITBBU 和 GPS 的连接。

单击 ITBBU,在线缆池中选择"GPS 馈线",单击 ITBBU 的 GPS 接口,再单击 GPS,将 GPS 馈线的另一端连接至 GPS,如图 5-31 所示。

- 步骤 5.4 完成 SPN 和 ODF 的连接。

单击 SPN1,选择"成对 LC-FC 光纤",单击 SPN1 的 100GE 端口 1,再单击 ODF 架,将另一端连接至 ODF 架端为兴城市 B 站点机房端口 1,如图 5-32 和图 5-33 所示。

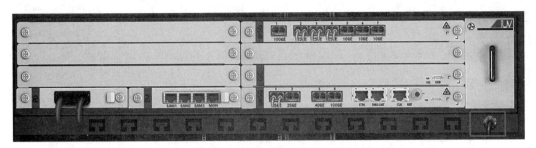

图 5-31　完成 ITBBU 和 GPS 的连接图

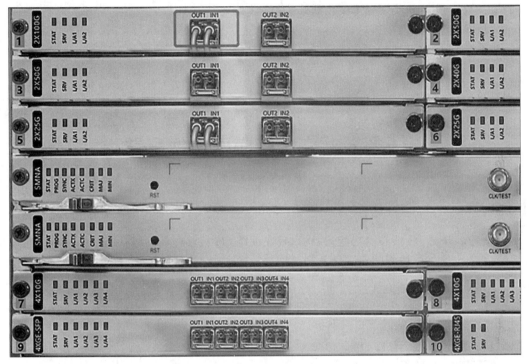

图 5-32　完成 SPN 和 ODF 的连接图

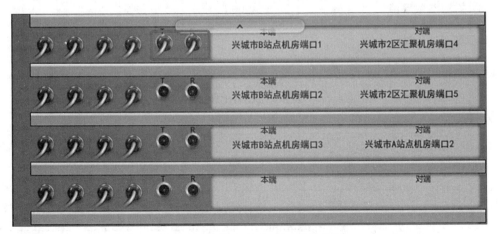

图 5-33　完成 ODF 和 SPN 的连接图

【任务拓展】

思考一下,能否根据 Option2 的设备配置,独立完成 Option3X 的设备配置?

【任务测验】

(1) Option2 的 5GC 核心网通用服务器与 SW1 使用以下哪个线缆进行连接?(　　)

A. 成对 LC-LC 光纤　　　　　　　　B. LC-LC 光纤

C. 成对 LC-FC 光纤　　　　　　　　D. LC-FC 光纤

(2) SW1 与 ODF 使用以下哪个线缆进行连接?(　　)

A. 成对 LC-LC 光纤　　　　　　　　B. LC-LC 光纤

C. 成对 LC-FC 光纤　　　　　　　　D. LC-FC 光纤

答案:

1. A;2. C。

任务 5.3　5G 核心网数据配置

【任务描述】

本任务以开通 5G 核心网功能为目标,旨在训练 5G 核心网的网络功能数据配置。通过此任务,可以加深对 5G 核心网网络功能和关键参数的认识,了解 5G 核心网数据的配置方法。

【任务准备】

完成本任务,需要做以下知识准备:

(1) 了解 5GC 各 NF 的功能;

(2) 了解 5GC 数据配置流程;

(3) 关键参数解释。

一、5GC 各 NF 功能

5GC-NF 功能如表 5-4 所示。

表 5-4　5GC-NF 功能

网络功能	英文名	中文名	功能
AMF	Access and Mobility Management Function	接入和移动性管理功能	完成移动性管理、NAS MM 信令处理,NAS SM 信令路由、安全锚点和安全上下文管理等
SMF	Session Management Function	会话管理功能	完成会话管理、UE IP 地址分配和管理、UP 选择和控制等
UDM	Unified Data Management	统一数据管理	管理和存储签约数据、鉴权数据

网络功能	英文名	中文名	功能
PCF	Policy Control Function	策略控制功能	支持统一策略框架,提供策略规则
NRF	NF Repository Function	网络存储功能	维护已部署 NF 的信息,处理从其他 NF 过来的 NF 发现请求
NSSF	Network Slice Selection Function	网络切片选择功能	完成切片选择功能
AUSF	Authentication Server Function	鉴权服务器功能	完成鉴权服务功能
NEF	Network Exposure Function	网络开放功能	开放各网络功能的能力,内外部信息的转换
UPF	User Plane Function	用户面功能	完成用户面转发处理

二、关键参数解释

关键参数解释如表 5-5 所示。

表 5-5　关键参数解释

参数名称	参数说明
接口 ID	用于标识接口,增加多个接口时不可重复
VLAN 配置	选择启用,启用后表示该接口可以使用
VLAN ID	表示这个 VLAN 的端口号,具有唯一性
XGEI 接口地址	代表这个网元的接口地址
XGEI 接口掩码	表示该 XGEI 接口地址的可用的主机数量
描述	自定义描述,帮助用户迅速记忆该配置
Loopback 地址	环回地址
客户端地址	一个客户端地址
服务器端地址	一个服务器地址
虚拟路由配置	这里可配置虚拟网元的路由
偶联 ID	用于标识偶联,增加多条时不可重复
本地偶联端口号	偶联的本段端口号
对端偶联端口号	对端的端口号
TAC	跟踪区码,用户自定义即可,用于标识小区的位置信息
MCC	国家移动码
MNC	国家移动网号
SNSSAI 标识	切片标识 ID

参数名称	参数说明
SST	表示切片类型,有四个选项:eMBB、uRLLC、mMTC、V2X
SD	此处自定义,遇到 SD 切片鉴别器全网保持一致,代表切片类型对应的实体业务
DNN	Data Network Name 数据网络名称,和 APN 名称一样功能
地址池名称	自定义名称
地址池优先级	用户自定义,值越小,优先级越高,默认为 1
地址池起始地址	代表用户可以获取 IP 地址,最小不能小于软件中设置的地址
地址池终止地址	代表用户可以获取的最大地址,不能超过最大的一个地址
掩码	与 IP 地址一一对应
UPF ID	要与 UPF 用户面 ID 保持一致
路由指示码	为路由的指示标识码,需要与终端信息配置保持一致
SUPI 起始号段	代表起始 SUPI,需将所配置的 SUPI 包含在内
SUPI 终止号段	代表终止 SUPI,需将所配置的 SUPI 包含在内
5QI	这里表示 QoS 分类标识,1 代表语音,5 代表信令,8/9 代表视频,83 代表车载
SUPI	用户永久标识符;由 MCC＋MNC＋MSIN 组成,可以采用已有的用户标识
GPSI	11 位数组成,表示手机号码
鉴权管理域	表示用户鉴权的一个管理区域
KI	KI 是终端要注册网络时的鉴权
鉴权算法	终端鉴权时所采用的算法

三、IP 地址规划表

IP 地址规划表如表 5-6 所示。

表 5-6　IP 地址规划表

网元名称	地址类别	规划的 IP 地址	掩码/位	绑定的 VLAN 号
AMF	客户端地址 XGEI 接口地址 1	10.1.1.1	30	10
	服务端地址 XGEI 接口地址 2			
	N2 接口地址 Loopback 地址 XGEI 接口地址 3	30.1.1.1	30	30

网元名称	地址类别	规划的 IP 地址	掩码/位	绑定的 VLAN 号
UPF	N3 接口地址 Loopback 地址 XGEI 接口地址 1	40.1.1.1	30	40
	N4 接口地址 Loopback 地址 XGEI 接口地址 2	50.1.1.1	30	50
SMF	N4 接口地址 Loopback 地址 XHEI 接口地址 1	60.1.1.1	30	60
	客服端地址 XGEI 接口地址 1	70.1.1.1	30	70
	服务端地址 XGEI 接口地址 2			
AUSF	客服端地址 XGEI 接口地址 1	90.1.1.1	30	90
	服务端地址 XGEI 接口地址 2			
NSSF	客服端地址 XGEI 接口地址 1	101.1.1.1	30	101
	服务端地址 XGEI 接口地址 2			
UDM	客服端地址 XGEI 接口地址 1	103.1.1.1	30	103
	服务端地址 XGEI 接口地址 2			
NRF	客服端地址 XGEI 接口地址 1	105.1.1.1	30	105
	服务端地址 XGEI 接口地址 2			
PCF	客服端地址 XGEI 接口地址 1	107.1.1.1	30	107
	服务端地址 XGEI 接口地址 2			

【任务实施】

5G 核心网数据配置流程如图 5-34 所示。

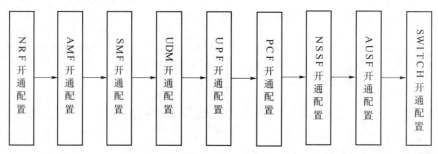

图 5-34　5G 核心网数据配置流程

为了完成本任务,需要进行 Option2 核心网各网元功能的数据配置,实现核心网的开通。

打开 IUV-5G 软件,单击下方"网络配置-数据配置",选择兴城市核心网机房。单击"网元配置"中右上方"＋"号按钮,依次添加 AMF、SMF、AUSF、UDM、NSSF、PCF、NRF、UPF,如图 5-35 所示。

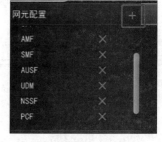

图 5-35　添加配置图

一、NRF 开通配置

• 步骤 1.1 XGEI 接口配置。

在网元配置中选择"NRF",单击下方弹出的"XGEI 接口配置",根据 IP 地址规划表将数据填写完整,具体配置如图 5-36 所示。

• 步骤 1.2 http 配置。

完成上一步操作后,单击"http 配置",根据 IP 地址规划表将数据填写完整,如图 5-37 所示。

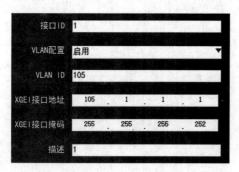

图 5-36　XGEI 接口配置

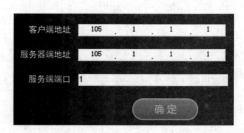

图 5-37　http 配置

• 步骤 1.3 虚拟路由配置。

在 Option2 组网中,所有的虚拟网元(除了 UPF)若想进一步实施业务,都需要到 NRF 注册,因此 NRF 需配置通往各网元的路由,如图 5-38 所示。

图 5-38　虚拟路由配置

二、AMF 开通配置

所有的核心网元中这三项配置方法都一致。下面就以 AMF 为例进行 XGEI 接口、loop-back 以及 http 的配置,在后续网元功能中不再做详细解释。

* 步骤 2.1 XGEI 接口配置。

在网元配置中选择"AMF",单击下方弹出的"XGEI 接口配置",根据 IP 地址规划表将数据填写完整,如图 5-39 所示。

还需配置 N2 接口地址配置到 XGEI 接口配置中,如图 5-40 所示。

图 5-39　XGEI 接口配置

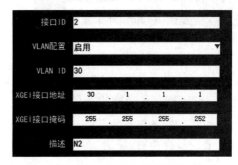

图 5-40　XGEI 接口配置

* 步骤 2.2 loopback 接口配置。

完成上一步操作后,单击"loopback 接口配置",根据 IP 地址规划表将数据填写完整,如图 5-41 所示。

* 步骤 2.3 http 配置。

完成上一步操作后,单击"http 配置",根据 IP 地址规划表将数据填写完整。规划示例如图 5-42 所示。

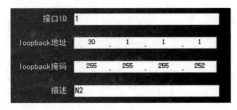

图 5-41　loopback 接口配置

图 5-42　http 配置

- 步骤 2.4 虚拟路由配置。

AMF 需要添加一条通往 NRF 的路由以及一条通往 CUCP 和基站通信对接的路由,如图 5-43 所示。

图 5-43　虚拟路由配置

- 步骤 2.5 NRF 地址配置。

完成上一步操作后,单击"NRF 地址配置",根据 IP 地址规划表将数据填写完整,配置如图 5-44 所示。

- 步骤 2.6 SCTP 配置。

这里需要根据网元间的对接关系进行逐条添加,在 Option2 组网中 AMF 需要和 CUCP 对接,配置如图 5-45 所示。

图 5-44　NRF 地址配置

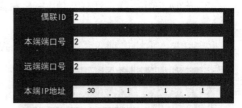

图 5-45　AMF-SCTP 配置

- 步骤 2.7 AMF 功能的本局配置。

本局配置主要是配置一些标识符,用户自定义即可,规划示例如图 5-46 所示。

完成上一步操作后,单击"AMF 跟踪区配置",跟踪区域配置规划示例如图 5-47 所示。

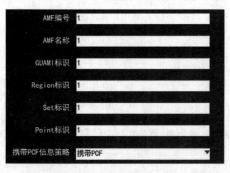

图 5-46　AMF 本局配置

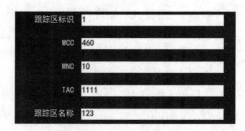

图 5-47　AMF 跟踪区配置

- 步骤 2.8 切片策略配置。

完成上一步操作后,单击"切片策略配置",再单击"NSSF 地址配置",NSSF 地址配置规划示例如图 5-48 所示。

完成上一步操作后,单击"SNSSAI 配置",SNSSAI 配置规划示例如图 5-49 所示。

图 5-48　NSSF 地址配置

图 5-49　NSSAI 配置

AMF 的 SNSSAI 配置参数说明及规划示例如表 5-7 所示。

表 5-7　SNSSAI 配置参数说明

参数名称	说明	取值举例
SNSSAI 标识	所有切片类型通用 NSSF 客户端地址	1
SST	表示切片类型,有四个选项:eMBB、uRLLC、mMTC、V2X	uRLLC
SD	此处自定义,遇到 SD 切片鉴别器全网保持一致,代表切片类型对应的实体业务	1

- 步骤 2.9 NF 发现策略。

完成上一步操作后,单击"NF 发现策略",NF 发现策略规划示例如图 5-50 所示。

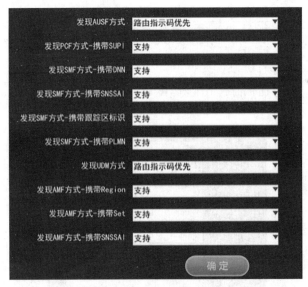

图 5-50　NF 发现策略

三、SMF 开通配置

- 步骤 3.1 接口地址配置。

配置客户端、服务端的 XGEI 接口地址以及配置 SMF 的 N4 接口的 XGEI 接口、loopback 地址配置、http 配置、NRF 地址配置,具体的参考 IP 地址规划表。

• 步骤 3.2 虚拟路由配置。

在网元配置中选择"SMF",单击下方弹出的"虚拟路由配置",SMF 需配置通往 UPF 的 N4 地址以及通往 NRF 注册的地址,如图 5-51 所示,具体的参数解释参考"AMF 开通配置"。

图 5-51　虚拟路由配置

• 步骤 3.3 地址池的配置。

完成上一步操作后,单击"地址池配置",地址池规划示例如表 5-8 和图 5-52 所示。

表 5-8　参数解析表

参数名称	说明	取值举例
DNN 名称	Data Network Name 数据网络名称,和 APN 名称一样功能	test
地址池名称	自定义名称,例如给 EMBB 的用户,直接用数字字母	1
地址池优先级	用户自定义,默认为 1	1
地址池起始地址	代表用户可以获取 IP 地址,最小不能小于软件中设置的地址	120.1.1.1
地址池终止地址	代表用户可以获取的最大地址,不能超过最大的一个地址	120.1.1.250
掩码	与 IP 地址一一对应	255.255.255.0
UPF ID	要与 UPF 用户面 ID 保持一致	1

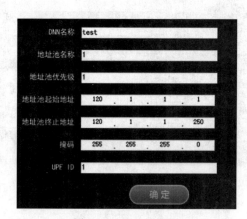

图 5-52　地址池配置

• 步骤 3.4 N4 对接配置。

完成上一步操作后,单击"N4 对接配置"进行配置 SMF 中的 N4 接口地址、UPF 的 N4 接口地址,N4 对接配置规划示例如表 5-9、图 5-53 和图 5-54 所示。

表 5-9　参数解析

参数名称	说明	取值举例
IP 地址	SMF 的 N4 地址,用于与 UPF 对接的地址	60.1.1.1
用户面 ID	需要与 UPF 用户面 ID 保持一致	1
ID 地址	UPF 的 N4 地址,用于与 SMF 对接的地址	50.1.1.1
端口	与 SMF 对接两端端口号保持一致	2

图 5-53　SMFN4 接口配置

图 5-54　UPFN4 接口配置

- 步骤 3.5 TAC 分段配置。

完成上一步骤后,单击"TAC 分段配置",TAC 分段配置规划示例如图 5-55 所示,TAC 分段配置参数说明如表 5-10 所示。

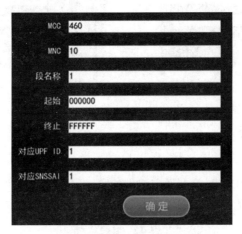

图 5-55　TAC 分段配置

表 5-10　TAC 分段配置参数说明

参数名称	说明	取值举例
MCC	所有切片类型与无线侧以及核心侧 MCC 和 MNC 保持一致	460
MNC	用户自定义	10
段名称	定义 TAC 段的开始地址	1
起始	定义 TAC 段的终止地址	000000
终止	所有 UPF ID 需保持一致	FFFFFF
对应 UPF ID	所有切片类型与无线侧以及核心侧 MCC 和 MNC 保持一致	1
MCC	用户自定义	1

• 步骤 3.6 SMF 切片功能配置。

完成上一步骤后,单击"SMF 切片功能配置",SMF 切片功能规划示例如表 5-11、图 5-56 和图 5-57 所示。

表 5-11 参数解析

参数名称	说明	取值举例
UPF ID	所有 UPF ID 需保持一致	1
SST	表示切片类型,有四个选项:eMBB、uRLLC、mMTC、V2X。eMBB 大带宽场景;uRLLC 代表超高可靠低延时,远程医疗场景;mMTC 代表海量连接,用于物联网场景;V2X 代表车联网场景;配置时需注意选择切片标识后,遇到相同的描述需保持一致	uRLLC
SD	此处自定义,遇到 SD 切片鉴别器全网保持一致,代表切片类型对应的实体业务	1
SNSSAI 标识	此处自定义,遇到 SNSSAI 标识全网保持一致	1

图 5-56 UPF 支持的 SNSSAI 配置

图 5-57 SMF 支持的 SNSSAI 配置

四、UDM 开通配置

• 步骤 4.1 UDM 功能配置。

在网元配置中选择"UDM",单击下方弹出的"UDM 功能配置",UDM 需要配置路由指示码以及设备 SUPI 的号段范围,规划示例如表 5-12 和图 5-58 所示。

表 5-12 参数解析

参数名称	说明	取值举例
路由指示码	为路由的指示标识码,需要与终端信息配置保持一致	1
SUPI 起始号段	代表起始 SUPI,需将所配置的 SUPI 包含在内	000000000000000
SUPI 终止号段	代表终止 SUPI,需将所配置的 SUPI 包含在内	9999999999999999

图 5-58 UDM 功能配置

- 步骤 4.2 用户签约配置。

完成上一步骤后,单击"用户签约配置",再单击"DNN 管理",规划示例如表 5-13 和图 5-59 所示。

表 5-13　DNN 管理参数解析

参数名称	说明	取值举例
DNN ID	用户自定义,配置中所出现的 DNN ID 需保持一致	1
DNN	Data Network Name 数据网络名称,和 APN 名称一样功能	test
5QI	这里表示 QoS 分类标识,1 代表语音,5 代表信令,8/9 代表视频,83 代表车载	1;5;8
ARP 优先级	用户自定义,默认为 1	1
Session-AMBR-UL (kbit/s)	自定义上行速率即可	99999999
Session-AMBR-DL (kbit/s)	自定义下行速率即可	99999999

图 5-59　DNN 管理配置

完成上一步骤后,单击"Profile 管理",Profile 管理规划示例如表 5-14 和图 5-60 所示。

表 5-14　Profile 管理参数解析

参数名称	说明	取值举例
Profile ID	用户自定义,须保持所有 Profile ID 一致	1
对应 DNN ID	用户自定义,须保持所有 DNN ID 一致	1
5GC 频率选择优先级	用户自定义优先级,数值越小,优先级越高	1
UE AMBR UL (kbit/s)	自定义上行速率即可	99999999
UE AMBR DL (kbit/s)	自定义下行速率即可	99999999

图 5-60　Profile 管理配置

完成上一步骤后，单击"签约用户管理"，签约用户管理规划示例如表 5-15 和图 5-61 所示。

表 5-15　签约用户管理参数解析

参数名称	说明	取值举例
SUPI	用户永久标识符；由 MCC＋MNC＋MSIN 组成，可以采用已有的用户标识	460101234567890
GPSI	11 位数组成，表示手机号码	13412345678
Profile ID	用户自定义，须保持所有 Profile ID 一致	1
鉴权管理域	表示用户鉴权的一个管理区域	FFFF
KI	KI 是终端要注册网络时的鉴权	111111111111111111111111111111
鉴权算法	终端鉴权时所采用的算法	Milenage

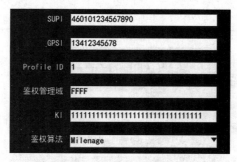

图 5-61　签约用户管理配置

完成上一步骤后，单击"切片签约信息"，切片签约信息规划示例如表 5-16 和图 5-62 所示。

表 5-16　切片签约信息参数解析

参数名称	说明	取值举例
PLMN ID	所有切片类型与无线侧以及核心侧 MCC 和 MNC 保持一致	1
SNSSAI ID	此处自定义，遇到 SNSSAI 标识全网保持一致。配置时需注意选择切片标识后，遇到相同的描述需保持一致	1
默认 SNSSAI	所有切片类型此处自定义	1
SUPI	由 MCC＋MNC＋MSIN 组成，可以采用已有的用户标识	460101234567890

图 5-62　切片签约信息配置

五、UPF 开通配置

- 步骤 5.1 接口地址配置。

UPF 需要配置客户端和服务端的 XGEI 接口地址,还需配置 UPF 的 N4 接口的 XGEI 接口以及 loopback 地址配置,具体的参数解释参考 IP 地址规划表。

- 步骤 5.2 虚拟路由配置。

UPF 需要配置通往 SMF 的 N4 的地址以及通往 CUUP 的地址,具体参考 IP 地址规划表,具体配置如图 5-63 所示。

图 5-63　虚拟路由配置

- 步骤 5.3 对接配置。

完成上一步操作后,单击"对接配置",对接配置规划示例如表 5-17 和图 5-64 所示。

表 5-17　对接配置参数解析

参数名称	说明	取值举例
SMF N4 业务地址	根据描述填写对应 SMF N4 本端地址	60.1.1.1
UPF N4 端口	N4 端口代表 SMF N4 和 UPF N4 之间对应关系,两端必须对应,和 http 端口可以一致也可以不一致	2
UPF N4 业务地址	根据描述填写对应 UPF N4 本端地址	50.1.1.1
DN 地址	路径的地址,这里代表切片的地址	121.1.1.1
DN 属性	路径的名称,这里代表切片的属性	医疗本地云
N3 接口地址	UPF 和 CUUP 对接的接口地址	40.1.1.1

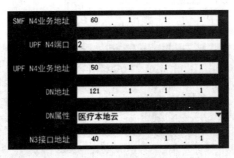

图 5-64　对接配置

- 步骤 5.4 地址池配置。

完成上一步操作后,单击"地址池配置",地址池配置规划示例如表 5-18 和图 5-65 所示。

表 5-18　地址池配置解析

参数名称	说明	取值举例
DNN 名称	Data Network Name 数据网络名称,和 APN 名称一样功能	test
地址池名称	自定义名称,例如给 EMBB 的用户,直接写腾讯视频类似的或者用数字字母	1
地址池优先级	用户自定义,默认为 1	1
地址池起始地址	代表用户可以获取 IP 地址,最小不能小于软件中设置的地址	120.1.1.1
地址池终止地址	代表用户可以获取的最大地址,不能超过最大的一个地址	120.1.1.250
掩码	与 IP 地址一一对应	255.255.255.0

- 步骤 5.5 UPF 公共配置。

完成上一步操作后,单击"UPF 公共配置",UPF 公共配置规划示例如图 5-66 所示。

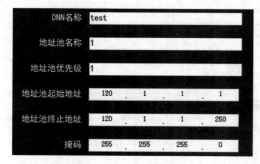

图 5-65　地址池配置

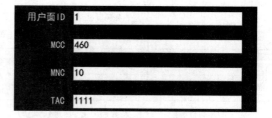

图 5-66　UPF 公共配置

- 步骤 5.6 UPF 切片功能配置。

完成上一步骤后,单击"UPF 切片功能配置",UPF 功能配置规划示例如图 5-67 所示。

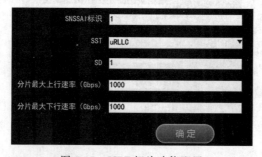

图 5-67　UPF 切片功能配置

UPF 切片功能配置参数解析如表 5-19 所示。

表 5-19　UPF 切片功能配置

参数名称	说明	取值举例
SNSSAI 标识	所有切片类型通用 NSSF 客户端地址	1
SST	表示切片类型,有四个选项:eMBB、uRLLC、mMTC、V2X	uRLLC
SD	此处自定义,遇到 SD 切片鉴别器全网保持一致,代表切片类型对应的实体业务	1
分片最大上行速率	表示上行最大速率,用户自定义即可	1 000
分片最大下行速率	表示下行最大速率,用户自定义即可	1 000

六、PCF 开通配置

- 步骤 6.1 接口地址配置。

PCF 只需要配置客户端、服务端的 XGEI 接口地址,具体参考 IP 地址规划表。

- 步骤 6.2 虚拟路由配置。

PCF 需要配置通往 NRF 注册的地址。具体配置参考 IP 地址规划表,如图 5-68 所示。

图 5-68　PCF 路由配置图

- 步骤 6.3 SUPI 号段配置。

完成上一步骤后,单击"SUPI 号段配置",规划示例如表 5-20 和图 5-69 所示。

表 5-20　SUPI 号段配置参数解析

参数名称	说明	取值举例
ID	用户自定义,所有 SUPI ID 保持一致即可	1
号段类型	用户自定义,软件参数不做要求	1
起始号段	代表 SUPI 的起始号段,将 SUPI 包含在内即可	000000000000000
结束号段	代表 SUPI 的结束号段,将 SUPI 包含在内即可	9999999999999999

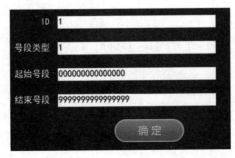

图 5-69　SUPI 号段配置

- 步骤 6.4 策略配置。

完成上一步骤后，单击"策略配置"，策略配置规划示例如表 5-21 和图 5-70 所示。

表 5-21　策略配置参数解析

参数名称	说明	取值举例
策略 ID	自定义即可，默认值 1	1
对应 SUPI 号段 ID	对应 SUPI 号段配置 ID	1
策略条件	策略所采用的条件，有三种选择：基于 TAC、基于时间、基于终端类型	基于 TAC
条件值	用户自定义	1
动作	策略配置时触发的两种限制动作，分别有：速率限制、接入数限制	速率限制

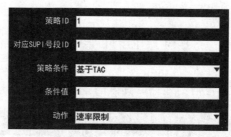

图 5-70　策略配置

七、NSSF 开通配置

- 步骤 7.1 接口地址配置以及 HTTP 配置。

NSSF 需要配置客户端、服务端的 XGEI 接口地址，具体解释参考 IP 地址规划表。

- 步骤 7.2 虚拟路由配置。

NSSF 需要配置通往 NRF 注册的地址，规划示例如图 5-71 所示，参数解析参考 IP 地址规划表。

图 5-71　NSSF 虚拟路由配置

- 步骤 7.3 SNSSAI 配置。

完成上一步骤后，单击"切片业务配置"，选择"SNSSAI 配置"，SNSSAI 配置规划示例如表 5-22 和图 5-72 所示。

表 5-22　SNSSAI 配置参数解析

参数名称	说明	取值举例
SNSSAI ID	此处自定义，遇到 SNSSAI 标识全网保持一致。配置时需注意选择切片标识后，遇到相同的描述需保持一致	1
AMF ID	此处与 AMF 网络功能的编号保持一致，所有切片类型通用	1

续 表

参数名称	说明	取值举例
AMF IP	所有切片类型通用 AMFIP 地址	10.1.1.1
TAC	TAC 跟踪区域码,所有切片类型与无线侧需保持一致	1111

图 5-72　SNSSAI 配置

八、AUSF 开通配置

* 步骤 8.1 接口地址配置。

AUSF 需要配置客户端、服务端的 XGEI 接口地址。具体参数解析参考 IP 地址规划表。

* 步骤 8.2 虚拟路由配置。

AUSF 需要配置通往 NRF 的地址,规划示例如图 5-73 所示。配置参数解析参考 IP 地址规划表。

图 5-73　AUSF 虚拟路由配置

* 步骤 8.3 AUSF 的功能配置。

完成上一步骤后,单击"AUSF 公共配置",选择"AUSF 功能配置",AUSF 的功能配置规划示例如图 5-74 所示。

* 步骤 8.4 发现策略配置。

完成上一步骤后,单击"发现 UDM 参数配置",发现策略配置规划示例如图 5-75 所示。

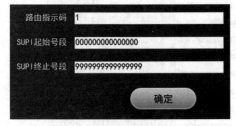

图 5-74　AUSF 功能配置

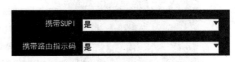

图 5-75　发现 UDM 参数配置

九、SWITCH 开通配置

• 步骤 9.1 物理接口配置。

SWITCH 的物理接口配置包括 VLAN 模式、关联 VLAN 的配置,规划示例如图 5-76 所示。SWITCH 物理接口配置参数解析如表 5-23 所示。

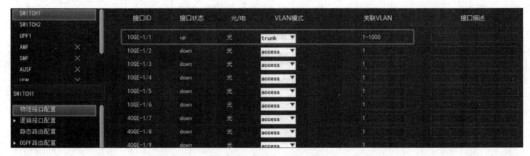

图 5-76　物理接口配置

表 5-23　SWITCH 物理接口配置参数解析

参数名称	说明	取值举例
接口 ID	SWITCH 与服务器连接所用到的端口	100GE-1/1
接口状态	UP 代表该接口已经被使用	UP
光/电	代表该接口是光纤口还是网口	光
VLAN 模式	Access 口只能绑定单个 VLAN,Trunk 口可以绑定多个 VLAN	Trunk
关联 VLAN	代表该接口下绑定的 VLAN 号	1~1 000
接口描述	自定义描述,帮助用户迅速记忆该配置	用户自定义即可

• 步骤 9.2 逻辑接口配置-VLAN 三层接口。

VLAN 三层接口需要配置网元接口地址的网关(下一跳),配置包括接口 ID、IP 地址、子网掩码,配置如图 5-77 所示。SWITCH VLAN 三层接口配置参数解析如表 5-24 所示。

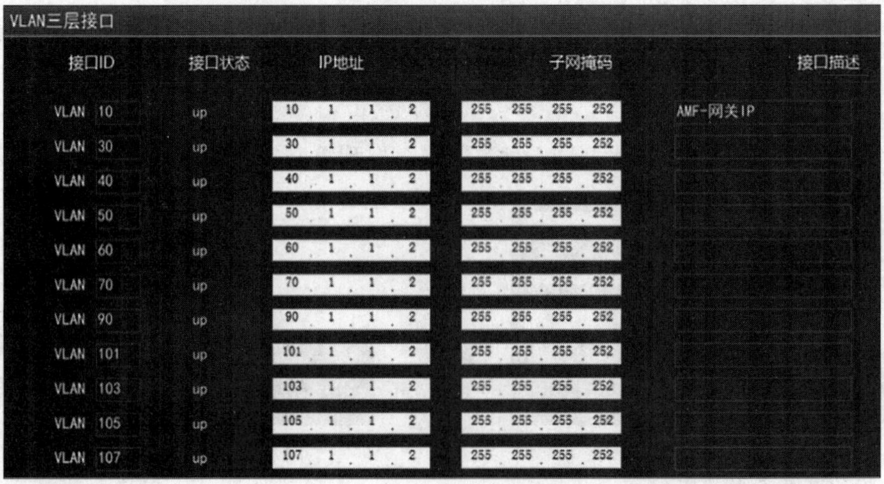

图 5-77　VLAN 三层接口配置

表 5-24　SWITCH VLAN 三层接口配置参数解析

参数名称	说明	取值举例
接口 ID	这里需要填写 VLAN 号	10
接口状态	UP 代表该接口已经被使用	UP
IP 地址	此 VLAN 号的 IP 地址	10.1.1.1
子网掩码	代表接口的掩码	255.255.255.252
接口描述	自定义描述,帮助用户迅速记忆该配置	用户自定义即可

【任务拓展】

思考一下,如何规划一套不同的 Option2 IP 地址参数?

思考一下,能否尝试用自己规划的数据配置开通 Option2 核心网?

【任务测验】

1. 5G 网络功能 UDM 对应于 4G 中哪个网元?(　　)

A. MME　　　　B. SGW　　　　C. PGW　　　　D. HSS

2. 5G 网络功能 UPF 对应于 4G 中哪个网元?(　　)

A. SGW-U＋PGW-U　　　　B. SGSN＋GGSN

B. MME＋SGW　　　　D. PCRF＋PGW

答案:

1. D; 2. A。

任务 5.4　5G 无线站点数据配置

【任务描述】

本任务以开通 5G 独立组网 Option2 无线接入网功能为目标,旨在训练 Option2 无线站点的数据配置。通过此任务,可以加深对 5G 基站设备功能和关键参数的认识,了解 5G 基站的配置方法。

【任务准备】

完成本任务,需要做以下知识准备:

(1) 了解 Option2 无线站点各类重要参数解释;

(2) 掌握 Option2 组网架构。

一、Option2 无线站点各类重要参数解释

重要参数解释如表 5-25 所示。

表 5-25 　重要参数解释

参数名称	参数说明
接口 ID	用于标识接口,增加多个接口时不可重复
VLAN 配置	选择启用,启用后表示该接口可以使用
VLAN ID	表示这个 VLAN 的端口号,具有唯一性
XGEI 接口地址	代表这个网元的接口地址
XGEI 接口掩码	表示该 XGEI 接口地址的可用的主机数量
描述	自定义描述,帮助用户迅速记忆该配置
Loopback 地址	环回地址
客户端地址	一个客户端地址
服务器端地址	一个服务器地址
虚拟路由配置	这里可配置虚拟网元的路由
偶联 ID	用于标识偶联,增加多条时不可重复
本地偶联端口号	偶联的本段端口号
对端偶联端口号	对端的端口号
TAC	跟踪区码,用户自定义即可,用于标识小区的位置信息
MCC	国家移动码
MNC	国家移动网号
SNSSAI 标识	切片标识 ID
SST	表示切片类型,有四个选项:eMBB、uRLLC、mMTC、V2X
SD	此处自定义,遇到 SD 切片鉴别器全网保持一致,代表切片类型对应的实体业务
DNN	Data Network Name 数据网络名称,与 APN 名称一样的功能
地址池名称	自定义名称
地址池优先级	用户自定义,值越小,优先级越高,默认为 1
地址池起始地址	代表用户可以获取 IP 地址,最小不能小于软件中设置的地址
地址池终止地址	代表用户可以获取的最大地址,不能超过最大的一个地址
掩码	与 IP 地址一一对应
UPF ID	要与 UPF 用户面 ID 保持一致
路由指示码	为路由的指示标识码,需要与终端信息配置保持一致
SUPI 起始号段	代表起始 SUPI,需将所配置的 SUPI 包含在内
SUPI 终止号段	代表终止 SUPI,需将所配置的 SUPI 包含在内
5QI	这里表示 QoS 分类标识,1 代表语音,5 代表信令,8/9 代表视频,83 代表车载
SUPI	用户永久标识符;由 MCC＋MNC＋MSIN 组成,可以采用已有的用户标识
GPSI	11 位数组成,表示手机号码
鉴权管理域	表示用户鉴权的一个管理区域
KI	KI 是终端要注册网络时的鉴权
鉴权算法	终端鉴权时所采用的算法

二、Option2 网络架构

Option2 网络架构如图 5-78 所示。

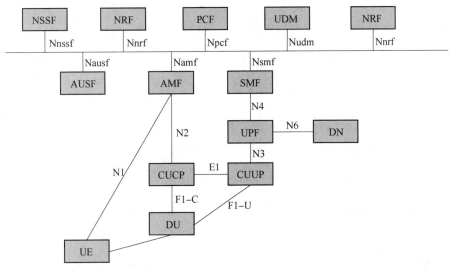

图 5-78 Option2 网络架构

【任务实施】

5G 无线站点数据配置流程如图 5-79 所示。

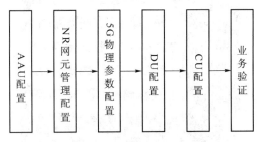

图 5-79 5G 无线站点数据配置流程

一、AAU 配置

单击"网络配置",选择"数据配置"并单击兴城市 B 站点机房进入无线侧数据配置界面,如图 5-80 所示。

图 5-80 兴城市 B 站点机房

• 步骤 1.1 配置 AAU。

单击"AAU"-"射频配置",这里 AAU2、AAU3 的射频配置和 AAU1 一致,同时 AAU 射频支持频段范围与 DU 小区配置中的频点相匹配,如图 5-81 所示。具体 AAU 配置参数说明如表 5-26 所示。

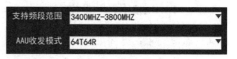

图 5-81　射频配置

表 5-26　射频配置参数说明

参数名称	参数说明	参数规划
支持频段范围	是指包含小区中所配置的中心频点 如:小区中心频点为 2 600,支持的频段范围选择为与之匹配的 2 200 MHz～2 700 MHz	3 400 MHz～3 800 MHz
AAU 收发模式	指 AAU 射频的收发模式,软件中无强关联 AAU 射频的收发模式,可任意选择。在现网中以实际的收发模式为主	64T64R

二、NR 网元管理配置

• 步骤 2.1 配置 NR 网元管理。

单击"ITBBU"-"NR 网元管理"。这里需要注意网元类型要和 CUDU 设备配置相匹配,类型为 CUDU 合设,如图 5-82 所示。具体 NR 网元管理配置参数说明如表 5-27 所示。

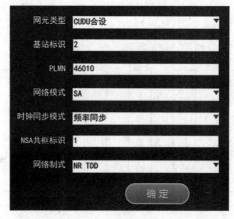

图 5-82　NR 网元管理配置

表 5-27　NR 网元管理配置参数说明

参数名称	参数说明	参数规划
网元类型	选择 CUDU 分离或者合设的网元类型	CUDU 合设
基站标识	基站标识是标识该基站在本核心网下的一个标识	2
PLMN	PLMN 是公共陆地移动网　PLMN＝MCC＋MNC	46 010
网络模式	软件中有两种网络模式,NSA 为非独立组网,SA 为独立组网	SA
时钟同步模式	软件中在配置 NSA 模式时需要配置这里我们填入数据即可	频率同步
NSA 共框标识	NSA 模式下 BBU 与 ITBBU 之间同步的标识	1
网络制式	网络制式有两种,分别是 NR TDD,NR FDD	NR TDD

三、5G 物理参数配置

• 步骤 3.1 配置 5G 物理参数。

完成上一步骤后,单击"5G 物理参数",完成相关数据配置,如图 5-83 所示。具体 5G 物理参数配置参数说明如表 5-28 所示。

图 5-83　5G 物理参数配置

表 5-28　5G 物理参数说明

参数名称	参数说明	参数规划
AAU 链路光口使能	设备连线完之后可以需要对对应的光口进行赋能	使能
承载网链路端口	根据设备配置中与承载网的连线,来判断是光口还是网口 举例:如 ITBBU 中 SW5G 单板和 SPN 设备之间连接使用的是网线,则这里的承载链路端口为网口;反之使用光纤,这里承载链路端口为光口	光口

四、DU 配置

• 步骤 4.1 配置以太网接口。

单击"ITBBU",依次单击"DU"-"DU 对接配置"-"以太网接口",如图 5-84 所示。具体以太网接口配置参数说明如表 5-29 所示。

图 5-84　以太网接口配置

表 5-29　以太网接口配置参数说明

参数名称	参数说明	参数规划
接收带宽	指接收的带宽速率,带宽的大小决定网络优化的速率	40 000
发送带宽	根据设备配置中与承载网的连线,来判断是光口还是网口	40 000
应用场景	指 5G 应用的三大场景,超高可靠低延时、无差别类型、增强移动带宽类型,这里任意和切片业务相匹配的场景	超高可靠低延时

- 步骤 4.2 配置 IP。

单击"ITBBU",依次单击"DU"-"DU 对接配置"-"IP 配置"。这里的 IP 地址为已规划的地址 50.50.50.50,掩码为 24 位,VLAN ID 为 500,如图 5-85 所示。需要注意的是这里规划的 VLAN ID 要和承载侧 SPN 端配置的 VLAN ID 要相互匹配,相互联系。具体 IP 配置参数说明如表 5-30 所示。

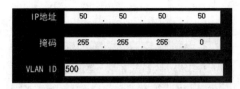

图 5-85　IP 配置

表 5-30　IP 配置参数说明

参数名称	参数说明	参数规划
IP 地址	表示 DU 设备的硬件地址,可自行规划地址	50.50.50.50
掩码	表示该 DU 设备硬件地址的可用的主机数量	255.255.255.0
VLAN ID	用来标识 VLAN 接口	500

- 步骤 4.3 配置 SCTP。

单击"ITBBU",依次单击"DU"-"DU 对接配置"-"SCTP 配置"。根据无线侧的架构图,在这里需要添加一条 DU 和 CUCP 的 SCTP 流通道,如图 5-86 所示。具体 SCTP 配置参数说明如表 5-31 所示。

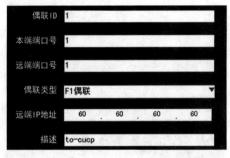

图 5-86　SCTP 配置

表 5-31　SCTP 配置参数说明

参数名称	参数说明	参数规划
SCTP 链路号	SCTP 偶联的链路号,取值范围内用户自定义,对接配置需要几条可以自定义数值	1
本端端口号	SCTP 偶联的基站侧本端端口号,在取值范围内可以任意规划,现网推荐为 36412(参考 3GPP TS36.412),如果局方有自己的规划原则,以局方的规划原则为准	1
远端端口号	SCTP 偶联的远端端口号,对应为 CUCP 本端地址,需和 CUCP 规划数据一致	1
远端 IP 地址	远端 CUCP 业务的 IP 地址,与 CUCP 侧数据一致	60.60.60.60
链路类型	F1 偶联代表 CUCP 和 DU 的对接 E1 偶联代表 CUCP 和 CUUP 的对接	F1 偶联

• 步骤 4.4 配置静态路由。

单击"ITBBU",依次单击"DU"-"DU 对接配置"-"静态路由"。在 CUDU 合设的状态下不需要添加静态路由。(合设是指 CU 和 DU 在同一个机框中。在 CUDU 分离的状态下,需要添加两条通往 CUCP 和 CUUP 的路由)

• 步骤 4.5 配置 DU 管理。

单击"ITBBU",依次单击"DU"-"DU 功能配置"-"DU 管理",如图 5-87 所示。具体 DU 管理配置参数说明如表 5-32 所示。

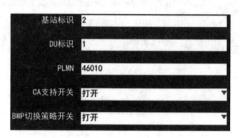

图 5-87   DU 管理配置

表 5-32   DU 管理配置参数说明

参数名称		参数说明	参数规划
DU 管理	基站标识	基站标识是标识该基站在本核心网下的一个标识	2
	DU 标识	DU 标识是表示该 DU 在本基站的一个标识	1
	PLMN	MCC＋MNC	46 010
	CA 支持开关	支持 CA(载波聚合)的开关	打开
	BWP 切换策略开关	支持 BWP(一部分带宽)的切换开关	打开

• 步骤 4.6 配置 QoS 业务管理。

单击"ITBBU",依次单击"DU"-"DU 功能配置"-"QoS 业务管理"。添加三条 QoS 参数,对应 QoS 分类标识分别为 1、5、8,同时进入 UDM(Option2)检查是否同样配置了三个 QoS 标识,各个标识对应的业务承载类型和协议规定的类型保持一致即可,如图 5-88、图 5-89 和图 5-90 所示。具体 QoS 业务管理配置参数说明如表 5-33 所示。

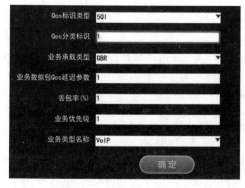

图 5-88   QoS 业务配置(1)   图 5-89   QoS 业务配置(2)

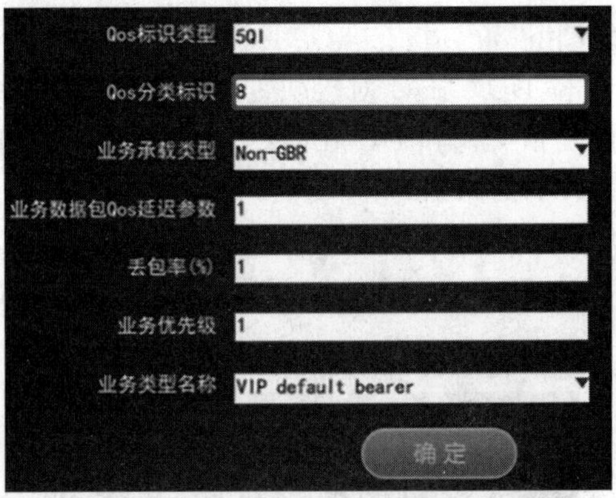

图 5-90　QoS 业务配置（3）

表 5-33　QoS 业务管理配置参数说明

参数名称		参数说明	参数规划
QoS 业务配置	QoS 标识类型	在 NSA 模式下选择 QCI，在 SA 模式下选择 5QI	5QI
	QoS 分类标识	不同的 5QI/QCI 标识对应的包延时、误码率、平均时间窗口、最大数据突发量不同，QCI 有 1~9 个标识，5QI 有 1~85 个标识	1/5/8
	业务承载类型	与 QoS 分类标识相对应，1~4，65~67，75 为 GBR，其他为 Non-GBR	GBR/Non-GBR
	业务数据包 QoS 延时参数	该参数规定了该业务类型下数据包传输的常规延时（仅作参考，不影响实际业务）	1
	丢包率	该参数为该业务类型下常规丢包率（仅作参考，不影响实际业务）	1
	业务优先级	表示该业务类型的优先级	1
	业务类型名称	VoIP-Voice over IP，语音，对应 5QI1 业务示例 Conversational Voice； 　LsoIP-living streaming over IP，直播流媒体，对应 5QI2、7 业务示例； 　BsoIP-Buffered Streaming over IP，非实时缓冲流，对应 5QI4 业务示例 Non-Conversational Video（Buffered Streaming）； 　IMS signaling-IMS 信令，对应 5QI5 业务示例 IMS Signalling； 　Prior IP Service-优先级高的 IP 业务，对应 5QI6 业务示例 progressive video； 　VIP default bearer- VIP 用户承载，对应 5QI8 业务示例 www，e-mail，chat，ftp，p2p file sharing； 　NVIP default bearer- 普通用户承载，对应 5QI8 业务示例 www，e-mail，chat，ftp，p2p file sharing； 　Siganaling bearer-信令承载，运营商扩展的 5QI256，协议中无定义	VoIP\IMS signaling\VIP default bearer 分别对应上面分类标识 1/5/8

- 步骤 4.7 配置网络切片配置。

单击"ITBBU",依次单击"DU"-"DU 功能配置"-"网络切片配置",如图 5-91 所示。具体网络切片配置参数说明如表 5-34 所示。

图 5-91 网络切片配置

表 5-34 网络切片配置参数说明

参数名称	参数说明	参数规划
PLMN	指公共陆地移动网,固定的格式为 PLMN ＝ MCC ＋ MNC	46010
SNSSAI 标识	网络切片的标识	1
SST	切片服务类型 eMBB(增强型移动宽带)、uRLLC(高可靠低延时)、mMTC(海量连接)、V2X(车联网)	uRLLC
SD	切片实例	1
分片 IP 地址	标识该网络切片的 IP 地址,该分片地址需和 DU 的硬件地址保持在同一个网段	50.50.50.100
切片级上行保障速率	该切片在该网络环境下上行最低速率	4 000
切片级下行保障速率	该切片在该网络环境下下行最低速率	4 000
切片级上行最大速率	该切片在该网络环境下上行最大速率	4 000
切片级下行最大速率	该切片在该网络环境下下行最大速率	4 000
切片级流控制窗长	可保障该切片的速率指标	10
基于切片的用户数的接纳控制门限	控制该切片的用户接入数	1

- 步骤 4.8 配置扇区载波。

单击"ITBBU",依次单击"DU"-"DU 功能配置"-"扇区载波"。添加 3 个扇区所对应的扇区载波(3 个扇区载波配置功率都相同,只需对应修改小区标识即可),如图 5-92 所示。

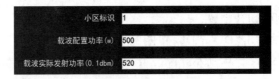

图 5-92　扇区载波配置

- 步骤 4.9 配置 DU 小区。

单击"ITBBU",依次单击"DU"-"DU 功能配置"-"DU 小区配置"。添加 3 个扇区所对应的 DU 小区参数,这里需要注意小区中 AAU 的选择,如图 5-93、图 5-94、图 5-95 所示。具体 DU 小区配置参数说明如表 5-35 所示。

图 5-93　DU 小区配置(1)　　　　　　图 5-94　DU 小区配置(2)

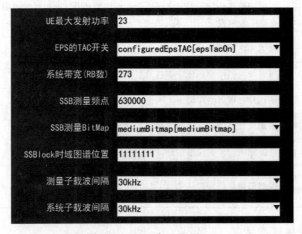

图 5-95　DU 小区配置(3)

表 5-35　DU 小区配置参数说明

参数名称		参数说明	参数规划
DU 小区配置	DU 小区标识	表示该小区在当前 DU 下的标识	1/2/3
	小区属性	小区所属 5G 频段范围,低频、高频 sub1G 场景、Qcell 场景	低频
	AAU 链路光口	该小区信号由哪个 AAU 发射	1/2/3
	频段指示	表示该小区属于哪一个频段 n41、n77、n78、n79	n78
	中心载频	5G 系统工作频段的中心频点,配置为绝对频点	630 000
	下行 Point A 频点	表示 5G 下行的 0 号 RB 的 0 号子载波中心位置	626 724
	上行 Point A 频点	表示 5G 上行的 0 号 RB 的 0 号子载波中心位置	626 724
	物理小区 ID	为物理小区标识也称 PCI,取值范围为 0～503	1/2/3
	跟踪区域码	跟踪区是用来进行寻呼和位置更新的区域配置范围是 4 位的 16 进制数	1111
	小区 RE 参考功率	小区发射功率,取值范围 120～180	156
	小区禁止接入指示	指示该小区是否允许用户接入	非禁止
	通用场景的子载波间隔	该参数仅作为通用场景的子载波间隔参考	scs15or60
	SSB 测量的 SMTC 周期和偏移	该参数用于指示 SSB 测量的 SMTC 周期和偏移软件中仅作参考	SMTC 周期 5 ms[sf5]
	邻区 SSB 测量的 SMTC 周期(20 ms)和偏移	指示邻区测量 SSB 的快慢软件中仅做参考	1
	初次激活的上行 BWP ID	该参数用于设置初次激活的上行 BWP ID	1
	初次激活的下行 BWP ID	该参数用于设置初次激活的下行 BWP ID	1
	BWP 配置类型	该参数为入新小区时激活的下行 BWP:单个 BWP 为 singlebwp 多个 BWP 为 multibwp	Singlebwp
	UE 最大发射功率	手机端发射信号所能发出的最大功率	23
	EPS 的 TAC 开关	该参数指示了该小区是否支持配置 LTE 的 TAC	配置 configuredEps-TAC[epsTacOn]
	系统带宽	指示了该小区在频域上占的 RB 数	273
	SSB 测量频点	SSB 块的中心位置	630 000
	SSB 测量 BitMap	SSB 测量的 Bit 图有短、中、长三种	mediumBitmap[mediumBitmap]
	SSBlock 时域图谱位置	该参数指示了波束的数量,配置了几个 1 就代表有几个波束	11111111
	测量子载波间隔	SSB 的测量子载波间隔	30 kHz
	系统子载波间隔	5G 系统的子载波间隔	30 kHz

• 步骤 4.10 配置接纳控制。

单击"ITBBU",依次单击"DU"-"DU 功能配置"-"接纳控制配置"。添加 3 个扇区所对应的接纳控制(3 个配置只存在小区标识差异),如图 5-96 所示。具体接纳控制配置参数说明如表 5-36 所示。

图 5-96　接纳控制配置

表 5-36　接纳控制配置参数

参数名称		参数说明	参数规划
接纳控制	小区用户数接纳控制门限	限制接入终端的数量	10 000
	基于切片用户数的接纳控制开关	对不同的切片接纳用户数的控制	关闭
	小区用户数接纳控制预留比例	为该小区用户接入数量预留一定的比例	1%

• 步骤 4.11 配置 BWPUL 参数。

单击"BWPUL 参数",然后单击"＋"号,新增 BWPUL 配置,需要增加 3 个 BWPUL 和 3 个小区分别对应,如图 5-97 所示。具体 BWPUL 参数说明如表 5-37 所示。

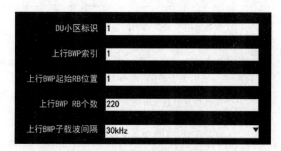

图 5-97　BWPUL 参数配置

表 5-37　BWPUL 参数说明

参数名称		参数说明	参数规划
BWPUL 参数	上行 BWP 索引	该参数指示用户接入时以此索引来寻找对应的 BWP	1/2/3
	上行 BWP 起始 RB 位置	该参数标识了上行 BWP 的起始位置	1/2/3
	上行 BWP RB 个数	该参数标识了上行 BWP 所占的 RB 个数	220
	上行 BWP 的子载波间隔	该参数标识了上行 BWP 的子载波间隔	30 kHz

- 步骤 4.12 配置 BWPDL 参数。

单击"BWPDL 参数",然后单击"＋"号，新增 BWPDL 配置，需要增加 3 个 BWPDL 和 3 个小区分别对应(同 BWPUL 的参数配置相同)，如图 5-98 所示。

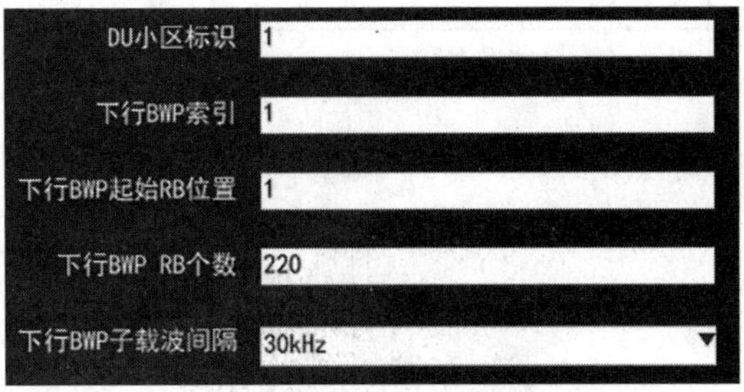

- 步骤 4.13 配置 PRACH 信道。

单击"ITBBU",依次单击"DU"-"物理信道配置"-"PRACH 信道配置"。添加 3 个扇区所对应的 PRACH 信道，需要注意前导码

图 5-98　BWPDL 配置

个数要大于 UE 接入和切换可用 preamble 个数，Msg1 子载波间隔要和跟随系统子载波间隔保持逻辑对应，它随着跟随系统子载波间隔，如图 5-99 和图 5-100 所示。具体 PRACH 信道参数说明如表 5-38 所示。

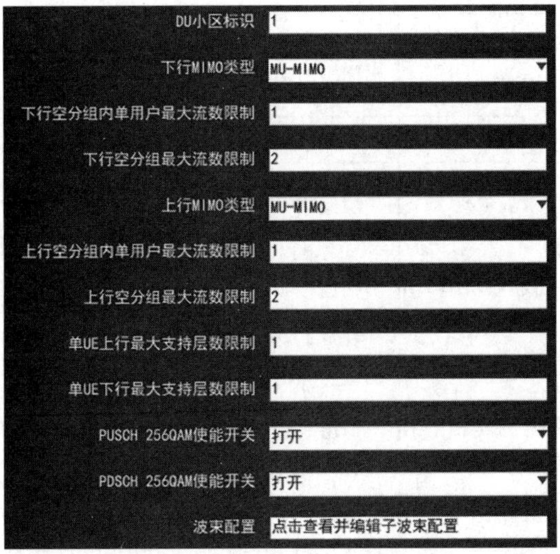

图 5-99　PRACH 信道配置(1)

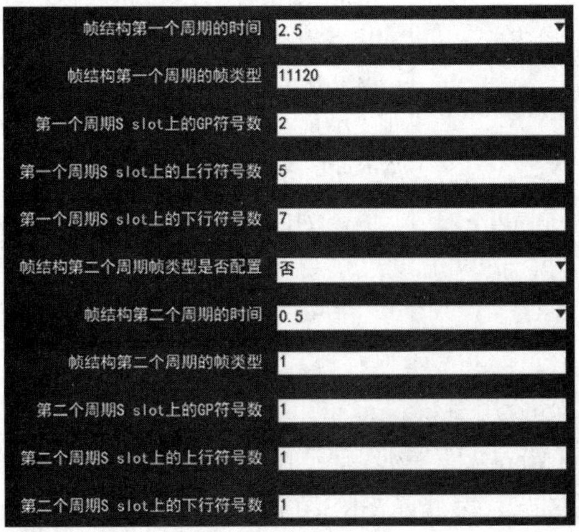

图 5-100　PRACH 信道配置(2)

表 5-38　PRACH 信道参数说明

参数名称		参数说明	参数规划
PRACH 信道配置	Msg1 子载波间隔	跟随系统子载波间隔	30 kHz
	竞争解决定时器时长	sf8 代表 8 个子帧,sf16 代表 16 个子帧竞争时间越长,可接入的用户就越多	sf8
	PrachRootSequenceIndex（PRACH 根序列索引）	分为长根序列 1 839 与短根序列 1 139长根序列用于 FR1（5G 低频）短根序列适用于所有频段	1 839[1 839]
	PRACH 格式	接入信道格式	0
	接入限制集配置	接入限制集配置	unrestrictedSet
	起始逻辑跟序列索引	指示了该小区用户接入时选择接入的 ZC 序列的索引号,各个小区的索引不能重复	11/12/13
	UE 接入和切换可用 preamble 个数	指示了该小区下的用户进行接入和切换时可用的 preamble 个数	60
	前导码个数	该参数指示 PRACH 前导码的个数	63
	PRACH 功率攀升步长	用户发送 MSG1 失败未收到 MSG2 时后,终端下一次发送 MSG1 时增加的功率	2 dB
	基站期望的前导接收功率	在进行随机接入时基站希望用户接收的功率	−74
	RAR 响应窗长	规定了该小区用户进行随机接入时的响应时间,响应时间越长,随机接入成功率越高	S180
	基于逻辑根序列的循环移位参数(Ncs)	根据起始逻辑根序列索引的参数进行前导码的循环移位,以此生成 64 位的前导码	1
	PRACH 时域资源配置索引	指示了该小区内用户进行随机接入时时域资源的配置	1
	Group A 前导对应的 MSG3 大小	指基于竞争的前导码对应的 MSG3 消息的大小	B56
	Group B 前导传输功率偏移	该参数是 eNB 配置的 MSG3 传输时功率控制余量,UE 用该参数区分随机接入前导为 Group A 或 Group B	0 dB
	Group A 的竞争前导码个数	该参数是每个 SSB 组 A 的竞争前导码个数	1
	Msg3 与 preamble 发送时的功率偏移	该参数决定了该小区用户组别	1

- 步骤 4.14 配置 SRS 公用参数。

单击"ITBBU",依次单击"DU"-"物理信道配置"-"SRS 公用参数"。添加 3 个扇区所对应的 SRS 公用参数,SRS 的 slot 序号指示 SRS 在时隙上的位置,如图 5-101 所示。具体 SRS 公用参数说明如表 5-39 所示。

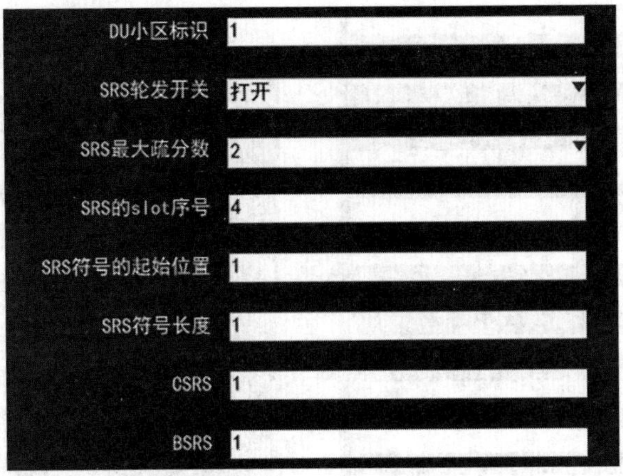

图 5-101 SRS 公用参数配置

表 5-39 SRS 公用参数说明

参数名称		参数说明	参数规划
SRS 公用参数	SRS 轮发开关	该参数表示 SRS 的轮发开关,0 表示关闭,1 表示打开,开关打开时需要分配给 UE 两个资源集,开关关闭时只需要分配给 UE 一个资源集	打开
	SRS 最大分疏数	该参数指示了 SRS 在梳域的最大资源数目,增大其数值可以提高 SRS 的资源总数进而可以接入更多的 UE 数	2
	SRS 的 slot 序号	该参数指示了 SRS 在时隙上的位置 如:帧周期为 11120,下行时隙 D,用"1"表示;转换时隙 S,用"2"表示;上行时隙 D,用"0"表示。故 11120,从 0 开始计数,则上行时隙的位置数为 4	4
	SRS 符号的起始位置	该参数表示在时域上 SRS 符号的起始位置	1
	SRS 符号长度	该参数表示 SRS 在单个 slot 里面的符号长度,改变其数值会改变 SRS 资源在时域上的资源总数	1
	CSRS	该参数指示了 SRS 宽带资源的 RB 数	1
	BSRS	该参数指示了 SRS 子带资源的 RB 数(Sub1G)	1

- 步骤 4.15 配置小区业务参数。

单击"ITBBU",依次单击"DU"-"测量与定时器开关"-"小区业务参数配置"。添加 3 个扇区所对应的小区业务参数,这里需要注意帧结构第一个周期的时间、帧结构第一个周期的帧类型和 DU 小区中系统带宽的对应关系,如图 5-102 和图 5-103 所示,具体小区业务参数说明如表 5-40 所示。

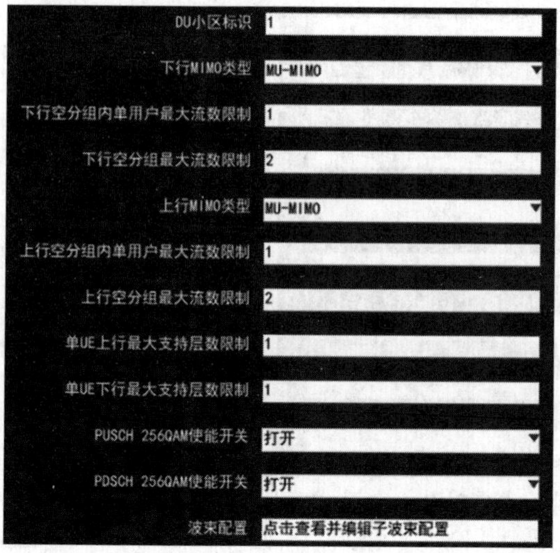

图 5-102 小区业务参数说明配置(1)

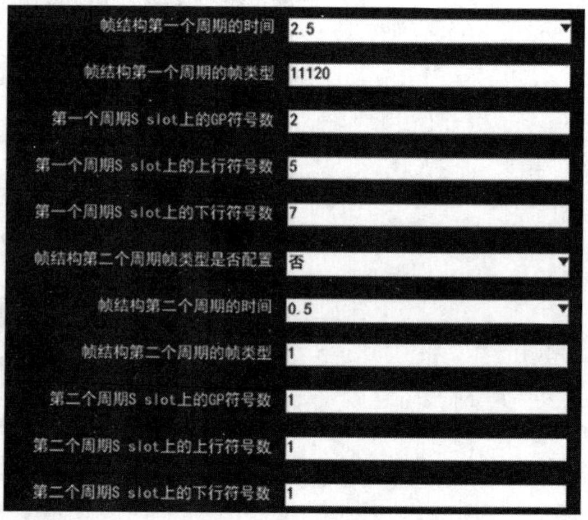

图 5-103 小区业务参数说明配置(2)

表 5-40 小区业务参数说明

参数名称		参数说明	参数规划
小区业务 参数配置	下行 MIMO 类型	MU-MIMO:多用户多入多出 SU-MIMO:单用户多入多出	MU-MIMO
	下行空分组内 最大流数限制	下行空分 UE 最大支持流数	1
	下行空分组 最大流数	下行空分组最大支持流数。单小区时,最大流数为 24 流;多小区时,最大流数为 16 流	2
	上行 MIMO 类型	MU-MIMO:多用户多入多出 SU-MIMO:单用户多入多出	MU-MIMO
	上行空分组内单用户 最大流数限制	上行空分 UE 最大支持流数	1
	上行空分组的 最大流数限制	上行空分组最大支持流数。单小区时,最大流数为 24 流;多小区时,最大流数为 16 流	2
	单 UE 上行最大 支持层数限制	单 UE 上行 PDSCH 传输最大支持层数限制。默认值 为1,即 1 层。对于终端四天线接收场景此参数建议置1; 终端八天线接收场景此参数建议置2	1
	单 UE 下行最大 支持层数限制	单 UE 下行 PDSCH 传输最大支持层数限制。默认值 为4,即 4 层。对于终端四天线接收场景此参数建议置4; 终端八天线接收场景此参数建议置8	1
	PUSCH 256QAM 使能开关	是否打开 PUSCH 256QAM 调制方式	打开
	PDSCH 256QAM 使能开关	是否打开 PDSCH 64QAM 调制方式	打开

参数名称		参数说明	参数规划
	波束配置	指示波束的方位角、下倾角、水平及垂直波宽	暂不配置
小区业务 参数配置	帧结构第一个 周期的时间	该参数用于指示帧结构第一个周期的时间。如：第一个帧周期帧类型为 11120，系统带宽为 273，系统子载波间隔为 30 kHz 时，它对应的帧结构第一个周期的时间为 5×0.5＝2.5 MS；反之，系统带宽为 270，系统带宽为 15 kHz 时，它对应帧结构第一个周期的时间为 5×1＝5.0 MS	2.5
	帧结构第一个 周期的帧类型	该参数表明帧结构第一个周期的帧类型，是数组形式，最多 10 个元素，每个元素对应一个 slot，D 代表下行时隙，用 1 表示，S 代表转换时隙，用 2 表示，U 代表下行时隙，用 0 表示，如 DDDSU，则帧类型书写为 11120	11 120
	第一个周期 S slot 上 GP 符号数	该参数用于指示帧结构第一个周期 S slot 上的 GP 符号的个数	2
	第一个周期 S slot 上的上行符号数	该参数用于指示帧结构第一个周期 S slot 上的上行符号的个数	5
	第一个周期 S slot 上的下行符号数	该参数用于指示帧结构第一个周期 S slot 上的下行符号的个数	7
	帧结构第二个周期帧 类型是否配置	该参数用于指示帧结构第二个周期帧类型是否配置	否
	帧结构第二个 周期的时间	该参数用于指示帧结构第二个周期的时间	0.5
	帧结构第二个 周期的帧类型	该参数指示帧结构第二个周期的帧类型，是数组形式，最多 10 个元素，每个元素对应一个 slot	1
	第二个周期 S slot 上 GP 符号数	该参数用于指示帧结构第二个周期 S slot 上的 GP 符号的个数	1
	第二个周期 S slot 上的上行符号数	该参数用于指示帧结构第二个周期 S slot 上的上行符号的个数	1
	第二个周期 S slot 上的下行符号数	该参数用于指示帧结构第二个周期 S slot 上的下行符号的个数	1

五、CU 配置

• 步骤 5.1 配置 CU 管理。

单击"ITBBU"，依次单击"CU"-"gNBCUCP 功能"-"CU 管理"。CU 管理中基站表示和 NR 网元管理中规划的基站标识保持一致，CU 标识用来标识 CU，这里自定义。其余参数和 DU 中参数保持一致，如图 5-104 所示。具体 CU 管理参数说明如表 5-41 所示。

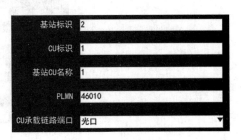

图 5-104 CU 管理配置

表 5-41　CU 管理参数说明

参数名称		参数说明	参数规划
CU 管理	基站标识	基站标识是标识该基站在本核心网下的一个标识 CU 处基站标识应当与 DU 处基站标识一致	2
	CU 标识	CU 标识是表示该 CU 在本基站的一个标识	1
	基站 CU 名称	基站 CU 名称是 CU 的名称	1
	PLMN	PLMN 是公共陆地移动网 PLMN ＝ MCC ＋ MNC	46 010
	CU 承载链路端口	此处根据设备配置中的 CU 连线来进行配置	光口

• 步骤 5.2 CUCP 配置 IP。

单击"ITBBU",依次单击"CU"-"gNBCUCP 功能"-"IP 配置"。需要注意 VLAN ID 的规划和配置,CUCP 的 VLAN ID 需要和承载侧 SPN 中 VLAN ID 要保持一致,这里定义为 600,如图 5-105 所示。具体 IP 参数配置说明如表 5-42 所示。

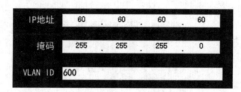

图 5-105　IP 配置

表 5-42　IP 参数配置说明

参数名称	参数说明	参数规划
IP 地址	表示 CUCP 设备的硬件地址,可自行规划地址	60.60.60.60
掩码	表示该 DU 设备硬件地址的可用的主机数量	255.255.255.0
VLAN ID	用来标识 VLAN 接口,可自行规划	600

• 步骤 5.3 CUCP 配置 SCTP。

单击"ITBBU",依次单击"CU"-"gNBCUCP 功能"-"SCTP 配置"。在 CUCP 中需要建立 3 条双向的流通道,分别通往 AMF、DU、CUCP,需要注意流通道两端的端口保持一致以及偶联类型的匹配,如图 5-106 所示。具体 SCTP 参数说明如表 5-43 所示。

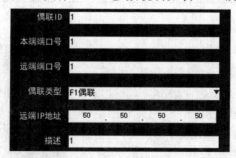

图 5-106　SCTP 配置

表 5-43　SCTP 参数说明

参数名称		参数说明	参数规划
SCTP 配置	SCTP 链路号	SCTP 偶联的链路号,取值范围内用户自定义,对接配置需要几条可以自定义数值	1/2/3
	本端端口号	SCTP 偶联的基站侧本端端口号,在取值范围内可以任意规划,现网推荐为 36 412(参考 3GPP TS36.412),如果局方有自己的规划原则,以局方的规划原则为准	1/2/3
	远端端口号	SCTP 偶联的远端端口号,对应为 CUCP 本端地址,需和 CUCP 规划数据一致	1/2/3
	远端 IP 地址	SCTP 偶联的远端 MME 业务 IP 地址,与 MME 侧数据一致;另一条的远端 CUCP 业务的 IP 地址,与 CUCP 侧数据一致	50.50.50.50/ 30.1.1.1/ 70.70.70.70
	链路类型	NG 偶联代表 CUCP 与 AMF 的对接 F1 偶联代表 CUCP 和 DU 的对接 E1 偶联代表 CUCP 和 CUUP 的对接	F1 偶联/NG 偶联/E1 偶联

- 步骤 5.4 CUCP 静态路由配置。

单击"ITBBU",依次单击"CU"-"gNBCUCP 功能"-"静态路由配置"。在 CUCP 中需要添加一条通往 AMF 的路由。目的地址为 AMF 中的 N2 接口地址,如图 5-107 所示。具体静态路由参数说明如表 5-44 所示。

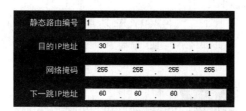

图 5-107　静态路由配置

表 5-44　静态路由参数说明

参数名称		参数说明	参数规划
静态路由	静态路由编号	编号,用于标识路由	1
	目的 IP 地址	S1-U 报文目的 IP 地址,在本软件中填入 SGW 的业务地址也就是逻辑接口地址;X2-U 报文目的 IP 地址,在本软件中填入 CUUP 的业务地址	30.1.1.1
	网络掩码	具体目的地址建议配置全掩码	255.255.255.255
	下一跳 IP 地址	基站发送报文到达目的目前所经过第一个网关地址,工程模式需对应承载设备接口地址,两条下一跳地址为同一个网关	60.60.60.1

- 步骤 5.5 配置 CU 小区。

单击"ITBBU"，依次单击"CU"-"gNBCUCP
功能"-"CU 小区配置"。添加 3 个扇区所对应的
CU 小区，这里需要注意 CU 对应 DU 小区的 ID，
一般情况下第一个 CU 对应第一个 DU 小区，其
余 CU 小区依此类推进行和 DU 小区的匹配，如
图 5-108 所示。具体 CU 小区参数说明如表 5-45
所示。

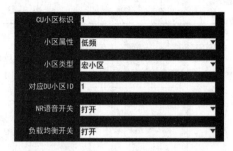

图 5-108　CU 小区配置

表 5-45　CU 小区参数说明

参数名称		参数说明	参数规划
CU 小区配置	CU 小区标识	表示该小区在当前 CU 下的标识	1/2/3
	小区属性	根据该小区的实际频段来进行划分，有低频、高频、sub1G 场景、Qcell 场景四种属性	低频
	小区类型	根据小区的覆盖范围分为宏站和微站	宏小区
	对应 DU 小区 ID	一个 CU 小区可以管理多个 DU 小区，但是一个 DU 小区只能被一个 CU 小区管理	1/2/3
	NR 语音开关	是否支持 NR 语音业务	打开
	负载均衡开关	是否支持在业务量大的时候分摊到多个网元进行业务处理	打开

- 步骤 5.6 CUUP 配置 IP。

单击"ITBBU"，依次单击"CU"-"gNBCUUP 功能"-"IP 配置"。IP 地址按照规划的地址
填入，需要注意定义的 CUUP 的 VLAN ID 需要和承载侧 SPN 中 VLAN 要保持一致，这里定
义为 700，如图 5-109 所示。具体 IP 配置参数说明如表 5-46 所示。

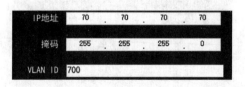

图 5-109　IP 配置

表 5-46　IP 配置参数说明

参数名称	参数说明	参数规划
IP 地址	表示 CUUP 设备的硬件地址，可自行规划地址	70.70.70.70
掩码	表示该 CUUP 设备硬件地址的可用的主机数量	255.255.255.0
VLAN ID	用来标识 VLAN 接口，可自行规划	700

- 步骤 5.7 CUUP 配置 SCTP。

单击"ITBBU"，依次单击"CU"-"gNBCUUP 功能"-"SCTP 配置"。在 CUCP 中需要建立
1 条双向的流通道，通往 CUCP，端口和偶联类型相互呼应，如图 5-110 所示。

- 步骤 5.8 CUUP 配置静态路由。

单击"ITBBU",依次单击"CU"-"gNBCUUP 功能"-"静态路由配置"。在 CUUP 中需要添加一条通往 UPF 的路由,如图 5-111 所示。具体静态路由配置参数说明如表 5-47 所示。

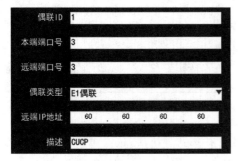

图 5-110 SCTP 配置

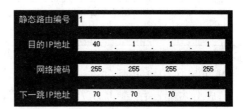

图 5-111 静态路由配置

表 5-47 静态路由配置参数说明

参数名称		参数说明	参数规划
静态路由	静态路由编号	编号,用于标识路由	1
	目的 IP 地址	CUUP 通过 N3 接口和 UPF 进行用户面数据转发	40.1.1.1
	网络掩码	具体目的地址建议配置全掩码	255.255.255.255
	下一跳 IP 地址	基站发送报文到达目的目前所经过第一个网关地址,工程模式需对应承载设备接口地址,两条下一跳地址为同一个网关	70.70.70.1

- 步骤 5.9 配置网络切片。

单击"ITBBU",依次单击"CU"-"gNBCUUP 功能"-"网络切片"。配置时注意 NSSAI 标识、SST 和 SD 要与核心网一致。分片 IP 地址与 CUUP 在同一网段即可,如图 5-112 所示。具体网络切片配置参数说明如表 5-48 所示。

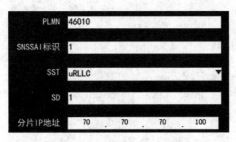

图 5-112 网络切片配置

表 5-48 网络切片配置参数说明

参数名称	参数说明	参数规划
PLMN	指公共陆地移动网,固定的格式为 PLMN＝MCC＋MNC	46 010
SNSSAI	网络切片的标识	1

续 表

参数名称	参数说明	参数规划
SST	切片服务类型 eMBB(增强型移动宽带)、uRLLC(高可靠低延时)、mMTC(海量连接)、V2X(车联网)	uRLLC
SD	切片实例	1
分片地址	标识该网络切片的IP地址,该分片地址需和CUUP的硬件地址保持在同一个网段	70.70.70.100

• 步骤5.10 子接口配置。

完成上述配置后,在上方选择"承载网",选择兴城市B站点机房,依次单击"SPN1-逻辑接口配置-配置子接口"。参照图5-113将子接口配置完整。

接口ID		接口状态	封装 VLAN	IP地址	子网掩码	接口描述
25GE-5/1	1	up	500	50.50.50.1	255.255.255.0	1
25GE-5/1	2	up	600	60.60.60.1	255.255.255.0	1
25GE-5/1	3	up	700	70.70.70.1	255.255.255.0	1

图 5-113　子接口配置图

六、业务验证

完成以上配置内容后,进行拨测测试。单击"网络调试"-"业务验证",单击右侧"终端信息",首先进行终端信息配置,这里的所有信息需和核心网 UDM 签约的参数保持一致,然后单击右下角" ⏻ "拨测按钮进行业务验证,如图 5-114 和图 5-115 所示。

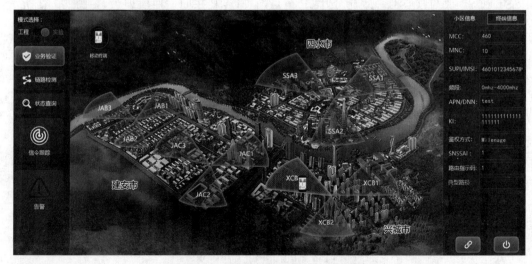

图 5-114　终端配置及业务验证图

图 5-115　用户签约验证图

【任务拓展】

思考一下,基于现有的 CUDU 合设模式的配置是否能完成 Option2 无线侧(ITBBU)CUDU 分离的配置?

【任务测验】

1. Option2 的无线站点机房不需要以下哪个设备?(　　　)

A. BBU　　　　　　B. ITBBU　　　　　　C. AAU　　　　　　D. SPN

2. GPS 与以下哪个设备进行连接?(　　　)

A. BBU　　　　　　B. ITBBU　　　　　　C. AAU　　　　　　D. SPN

答案:

1. A;2. B。

项目6 云—通信大数据

任务 6.1 通信大数据基础

一、大数据的基本概念

大数据技术是当今社会发展的新概念,其主要就是针对海量数据进行采集、分析、处理和应用,确保海量数据可以表现出更强的应用价值。随着互联网以及信息技术的发展,数据量的增多已经成为很多行业发展的共同特点,这也就更进一步凸显了大数据技术应用的必要性。大数据在当前具体应用中具备着较为丰富的数据信息资源,相应数据信息类型也比较繁杂,但是同样也对于相关技术手段提出了更高的要求。

本书将通过基站告警自动分析、越区覆盖自动分析和接入失败自动分析三个任务,让学生了解、掌握通信大数据数据分析的关键流程与方法,任务中有问题的定义,问题的分析,问题的解决流程等,让学生加深对通信大数据平台内容的了解。

二、应用场景

位置数据与感知数据是通信大数据中最有价值的数据,也是目前为止应用最为广泛的数据。

1. 位置数据

位置是运营商数据社会价值最大的数据,但是只有经过复杂的高精度定位算法,才能体现其价值。对位置更新及时性,位置准确性要求高,传统基于手机信令数据的定位方式只能达到小区级(100 m 的栅格精度),要达到 100 m 栅格甚至更高的精度,需要通过无线数据进行关联来强化。主要有以下几个应用场景。

(1)疫情防控:追踪更加精准的移动轨迹、建立个体关系图谱,定位疫情传播路径,防止疫情扩散。

(2)公共安全:采用重点人员精准定位技术作为底层技术支撑;个体定位精准、轨迹还原准确;改变传统的城市安全管理模式,提高城市安全运行管理水平。

(3)城市规划:以"人"的活动需求为关注焦点,高精度(10 米级)的定位数据将作为交通规划的重要依据。

2. 感知数据

近年来,电信市场的竞争日趋激烈。电信企业之间的竞争不再是简单的价格竞争,而是包括品牌、服务等在内的综合性竞争。尤其是客户感知服务质量的竞争,已经成为当今电信行业中各企业的核心竞争能力之一。成功的客户感知可以让(潜在)客户通过感知作出对相关产品认同、青睐、使用乃至长期消费的决策。因此,重视提升客户感知,倾力打造客户服务竞争优势是通信运营商赢得客户青睐、赢得未来市场的必然选择,如图 6-1 所示。

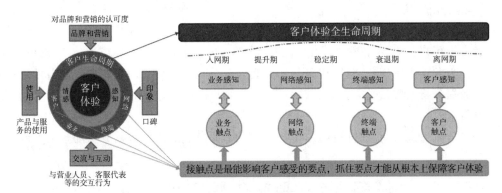

图 6-1　客户体验分析图

其感知数据主要有以下几个应用场景:

(1)业务感知分析:通过对用户业务办理过程中的服务感知指标进行分析,洞察不同办理渠道的受欢迎程度,服务质量评价水平,可以辅助指导渠道的选择,针对不同类型用户选择市场推广的方式,提升业务服务感知评价。

(2)质差(信号质量差)区域分析:基于用户上网和语音感知指标对用户和区域进行感知指标综合评分,识别质差区域并派单进行网络优化。

(3)终端分析:通过 IT 手段实现信息聚合平台,实现各型号终端在语音业务、数据业务和网络指标进行综合评分、可为准确掌握在网终端运行情况提供自动化手段,为网络维护优化和终端精准营销提供数据支撑。

三、基本分析方法

通信大数据分析能够从海量的数据中提取出最有效的信息,大数据分析主要包含了以下几种分析方法,具体如下:

(1)对比分析

对比分析法不管是从生活中还是工作中,都会经常用到,对比分析法也称比较分析法,是将两个或两个以上相互联系的指标数据进行比较,分析其变化情况,了解事物的本质特征和发展规律。

(2)用户分析

用户分析是互联网运营的核心,常用的分析方法包括:活跃分析,留存分析,用户分群,用户画像,用户细查等。

可将用户活跃细分为浏览活跃,互动活跃,交易活跃等,通过活跃行为的细分,掌握关键行为指标;通过用户行为事件序列,用户属性进行分群,观察分群用户的访问、浏览、注册、互动、交易等行为,从而真正把握不同用户类型的特点,提供有针对性的产品和服务。

（3）指标分析

在实际工作中,这个方法应用得最为广泛,也是在使用其他方法进行分析的同时搭配使用突出问题关键点的方法,指直接运用统计学中的一些基础指标来做数据分析,比如平均数、众数、中位数、最大值、最小值等。在选择具体使用哪个基础指标时,需要考虑结果的取向性。

（4）埋点分析

只有采集了足够的基础数据,才能通过各种分析方法得到需要的分析结果。

通过分析用户行为,并细分为:浏览行为、轻度交互、重度交互、交易行为、对于浏览行为和轻度交互行为的单击按钮等事件,因其使用频繁、数据简单、采用无埋点技术实现自助埋点,即可以提高数据分析的实效性,需要的数据可立即提取,又大量减少技术人员的工作量,需要采集更丰富信息的行为。

每一种分析方法都对业务分析具有很大的帮助,同时也应用在数据分析的各个方面。

任务 6.2　基站告警自动分析

【任务描述】

本任务以大数据技术为依托,旨在完成基站故障的分析。通过此任务,可以了解到 5G 基站告警的常见类型、处理办法,同时掌握基于通信大数据的基站告警问题自动化分析方法。

【任务准备】

完成本任务,需要做以下知识准备:

（1）了解 SQL 语言;

（2）了解基站告警的类型;

（3）了解基站告警自动分析的基本流程;

（4）了解基站告警自动分析开发方法。

一、SQL 语言

SQL 是一种操作数据库的语言,SQL 是 Structured Query Language 的缩写,中文译为"结构化查询语言"。SQL 是一种计算机语言,用来存储、检索和修改关系型数据库中存储的数据。包括创建数据库、删除数据库、查询记录、修改记录、添加字段等。SQL 是关系型数据库的标准语言,所有的关系型数据库管理系统（RDBMS）,比如 MySQL、Oracle、SQL Server、MS Access、Sybase、Informix、Postgres 等,都将 SQL 作为其标准处理语言。

1. SQL 命令

与关系型数据库有关的 SQL 命令包括 CREATE、SELECT、INSERT、UPDATE、DELETE、DROP 等,根据其特性,可以将它们分为以下几个类别。

（1）DDL（Data Definition Language）,数据定义语言。

用于数据库和表的创建、删除、修改等,DDL 命令如表 6-1 所示。

表 6-1 DDL 命令说明

命令	说明
Create	用于在数据库中创建一个新表、一个视图或者其他对象
Alter	用于修改现有的数据库,比如表、记录
Drop	用于删除整个表、视图或者数据库中的其他对象

(2) DML(Data Manipulation Language),数据处理语言。

一般用于数据项(记录)的插入、删除、修改和查询,DML 命令如表 6-2 所示。

表 6-2 DML 命令说明

命令	说明
Select	用于从一个或者多个表中检索某些记录
Insert	插入一条记录
Update	修改记录
Delete	删除记录

(3) DCL(Data Control Language),数据控制语言。

控制数据的访问权限,只有被授权的用户才能进行操作,DCL 命令如表 6-3 所示。

表 6-3 DCL 命令说明

命令	说明
Grant	向用户分配权限
Revoke	收回用户权限

2. SQL 语句

常用的 SQL 语句如下所示。

(1) 创建数据库

CREATE DATABASE database-name

(2) 删除数据库

DROP DATABASE database-name

(3) 创建新表

create table tabname(col1 type1 [not null] [primary key],col2 type2 [not null],..)

(4) 删除新表

drop table tabname

(5) 几个简单的 table 操作的 SQL 语句

选择:select * from table1 where 范围

插入:insert into table1(field1,field2) values(value1,value2)

删除:delete from table1 where

排序:select * from table1 order by field1,field2 [desc]

求和:select sum(field1) as sumvalue from table1

（6）连接查询

left（outer）join 左外连接（左连接）：结果集包括连接表的匹配行，也包括左连接表的所有行。

right（outer）join 右外连接（右连接）：结果集既包括连接表的匹配连接行，也包括右连接表的所有行。

full/cross（outer）join 全外连接：不仅包括符号连接表的匹配行，还包括两个连接表中的所有记录。

二、基站告警类型

在进行优化工作前，需要获取优化范围内所有的站点的告警信息和故障处理进展情况，以保证优化工作中能排除非 RF 原因造成的覆盖问题。这些信息包括用服工程协助提供的信息和工程人员提供的站点告警表（影响无线性能的告警）包含当日告警及历史告警等，主要分为以下两类。

1. 小区性能告警软件类故障

（1）NR 分布单元小区 TRP 服务能力下降告警。

可能原因：基带处理异常；射频单元收发通道故障。

建议解决办法：复位 NR 小区。

（2）小区 PCI 冲突告警

可能原因：PCI 规划冲突。

建议解决办法：网优侧重新规划 PCI。

2. S1&XN 口故障小区退服类告警

（1）S1 接口故障告警

可能原因：eNodeB 将向 MME 发起连接建立请求；如果 MME 对连接请求做合法性检查不通过，将无法建立连接。

建议解决办法：查询根源告警 SCTP 链路故障告警；S1 接口配置错误；eNodeB 标识配置错误；跟踪区域配置信息未配置等。

（2）X2 接口故障告警

可能原因：当基站存在 X2AP 协议层因配置错误或者对端基站异常无法建立连接时，产生此告警。

建议解决办法：X2 接口配置错误，对端基站没有配置 X2 接口，本端基站在对端基站黑名单中。

三、基站告警自动分析流程

基站告警自动分析算法通过分析告警数据和工程参数，获取质差区域分析结果，从而实现故障的快速定位。

算法逻辑：对质差路段涉的主服务小区关联基站告警表，将服务小区近一周的告警梳理出来（时间关联），输出基站故障造成问题的结果表。基站告警自动分析流程如图 6-2 所示。

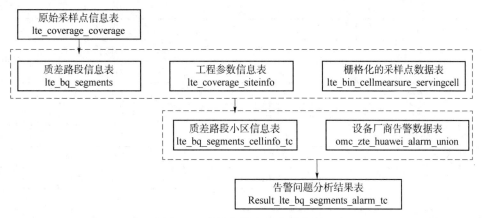

图 6-2　基站告警自动分析流程

通过原始采样点信息表 lte_coverage_coverage,获取质差采样点,形成质差路段信息表 lte_bq_segments。

通过质差路段信息表 lte_bq_segments 和栅格化的采样点数据表 lte_bin_cellmearsure_servingcell、工程参数信息表 lte_coverage_siteinfo 统计质差时间范围内所有的小区信息 cellindex(索引号)、cellname(名称)和 siteID(ID 号)等,生成质差路段小区信息表 lte_bq_segments_cellinfo_tc。

由质差路段小区采样点信息表 lte_bq_segments_cellinfo_tc 和设备厂商告警数据表 omc_zte_huawei_alarm_union,结合告警的开始和结束时间,分析并得到告警引起的质差问题,生成告警问题分析结果表 result_lte_bq_segments_alarm_tc。

四、基站告警自动分析算法开发

本节重点介绍算法开发的门限、算法说明以及算法生成的新表、字段,让学生掌握算法开发涉及的算法、表、字段,主要对中间表和结果表进行说明。

1. lte_bq_segments(质差路段信息表)

(1) 表说明

lte_bq_segments 记录了质差区域的日期、经纬度信息及信号覆盖的相关数据,详细字段如表 6-4 所示。

表 6-4　质差路段信息字段说明

字 段 名	字符类型	说 明
dataid	bigint	数据流 ID
SegmentId	int	路段 ID
Timestamp	timestamp	记录时间戳
longitude	decimal(10,6)	经度
latitude	decimal(10,6)	纬度
StartTs	timestamp	路段起点时间
StartLon	decimal(10,6)	路段起点经纬度

续 表

字 段 名	字符类型	说 明
StartLat	decimal(10,6)	路段起点经纬度
Duration	int	路段持续总时长
Distance	float	路段总长度
BadSample	int	路段质差采样点数量
Sample	int	路段采样点总数量
EndLon	decimal(10,6)	路段终点经纬度
EndLat	decimal(10,6)	路段终点经纬度
EndTs	timestamp	路段终点时间
AvgRSRP	float	路段服务小区采样点平均 RSRP
AvgSINR	float	路段服务小区采样点平均 SINR
MinRSRP	float	路段服务小区采样点最小 RSRP
MinSINR	float	路段服务小区采样点最小 SINR
MaxRSRP	float	路段服务小区采样点最大 RSRP
MaxSINR	float	路段服务小区采样点最大 SINR
MaxOLNum	int	路段重叠覆盖采样点数量
MaxOSNum	int	路段越区采样点数量
MaxMod3Num	int	路段模三采样点数量
MaxOLOSNum	int	路段重叠覆盖且越区采样点数量
MaxMod3OSNum	int	路段模三且越区采样点数量

（2）输入表

原始采样点信息表 lte_coverage_coverage 是 lte_bq_segments 的前置输入表。通过该表可以获取质差采样点，形成质差路段。

（3）算法说明

1）质差采样点的判断算法

①对于服务小区采样点：SINR≤−3 dB；

②可选条件：RSRP≥−110 dBm，默认不启用。

2）路段聚合算法

①质差采样点比例≥80％；

②相邻两个采样点距离≤50 m；

③路段长度≥50 m；

④可选：路段持续时长≥10 s，默认不启用。

2. lte_bq_segments_cellinfo_tc（质差路段小区采样点信息表）

（1）表说明

lte_bq_segments_cellinfo_tc 为质差路段小区信息表，主要记录问题路段 ID、时间和对应覆盖的基站、小区信息等。该表包含的字段信息如表 6-5 所示。

表 6-5　质差路段小区信息字段说明表

字 段 名	字符类型	说　明
dataid	bigint	数据流 ID
logdate	date	数据日期
Timestamp	timestamp	记录时间戳
longitude	decimal(10,6)	经度
latitude	decimal(10,6)	纬度
SegmentId	int	路段 ID
StartTs	timestamp	路段起点时间戳
StartLon	decimal(10,6)	路段起点经纬度
StartLat	decimal(10,6)	路段起点经纬度
Duration	int	路段持续总时长
Distance	float	路段总长度
BadSample	int	路段质差采样点数量
Sample	int	路段采样点总数量
EndLon	decimal(10,6)	路段终点经纬度
EndLat	decimal(10,6)	路段终点经纬度
EndTs	timestamp	路段终点时间戳
AvgRSRP	float	路段服务小区采样点平均 RSRP
AvgSINR	float	路段服务小区采样点平均 SINR
MaxOSNum	int	路段越区采样点数量
siteid	bigint	基站 ID
Sitename	bigint	基站名称
cellname	text	基站告警小区名称
Cellidex	integer	小区索引号

（2）输入表

质差路段信息表：lte_bq_segments。

栅格化的采样点数据表：lte_bin_cellmearsure_servingcell。

工程参数信息表：lte_coverage_siteinfo，它是 lte_bq_segments_cellinfo_tc 的前置输入表。

（3）算法说明

①获取质差路段起始时间段内的采样信息，汇聚整合质差路段和小区索引信息；

②根据汇聚整合的信息关联工参表，获取对应的基站或小区名称。

3. Result_lte_bq_segments_alarm_tc（告警问题分析结果表）

（1）表说明

告警问题分析结果表 Result_lte_bq_segments_alarm_tc，记录了告警自动分析的最终结果，如质差问题路段内所有问题路段信息和对应的告警代码等，字段如表 6-6 所示。

表 6-6　基站告警自动分析结果字段说明表

字 段 名	字 符 类 型	说　明
dataid	bigint	数据 ID
segmentid	bigint	质差问题编号
timestamp	timestamp	告警发生时间
siteid	bigint	基站 ID
sitename	text	基站名称
cellid	integer	小区 ID
cellname	text	小区名称
Cellidex	bigint	小区索引
alarmcode	text	告警码
longitude	decimal(10,6)	经度
latitude	decimal(10,6)	纬度

（2）输入表

质差路段小区信息表：lte_bq_segments_cellinfo。

设备厂家告警信息表：omc_zte_huawei_alarm_union。

（3）算法说明

①判断问题路段是否出现告警基站，筛出满足问题路段发生时间和结束时间的告警基站 ID；

②通过基站 ID 关联 Lte_bq_segments_cellinfo_tc 和 omc_zte_huawei_alarm_union，关联上的问题路段即可以分析为告警导致的问题。

【任务实施】

基站告警自动分析实验流程如图 6-3 所示。

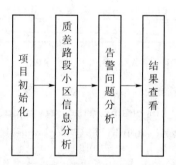

图 6-3　基站告警自动分析实验流程

一、项目初始化

• 步骤 1.1 登录网页。

登录网页 http://192.168.1.217:8085/usercenter/sign.html? login_status＝0,用户登录界面如图 6-4 所示。

图 6-4   用户登录界面

- 步骤 1.2 注册界面。

单击"马上注册"进行账号申请，用户注册界面如图 6-5 所示。

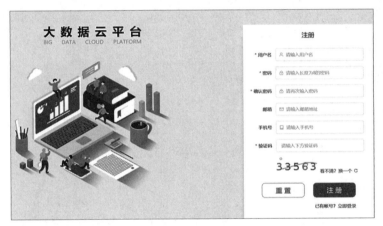

图 6-5   用户注册界面

- 步骤 1.3 新建项目。

进入开发工具界面，新建一个项目，输入项目名称，如图 6-6 和图 6-7 所示。

图 6-6   新建项目

图 6-7   输入项目名称

- 步骤 1.4 新建目录与租户配置。

右键单击"应用开发",输入目录名称,新建目录。在"配置管理"中配置租户和资源池,否则无法调试算法,如图 6-8 所示。

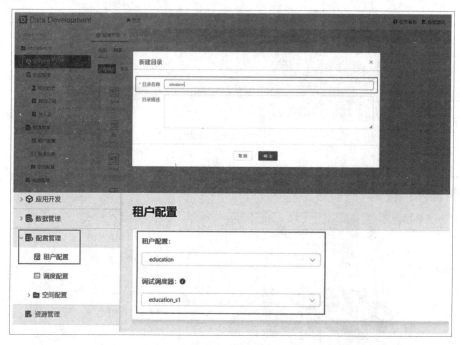

图 6-8　创建新目录

二、质差路段小区信息分析

算法开发所需要的数据导入到大数据平台后,就可以开始算法开发(数据导入暂不涉及)。再登录到可视化开发平台,进入到新建的项目里。

- 步骤 2.1 新建 Spark 表。

通过拖拽 Spark 图标创建 lte_bq_segments_cellinfo_tc 中间表,伴生算法选"否",版本号为空,单击"确定"按钮,如图 6-9 所示。

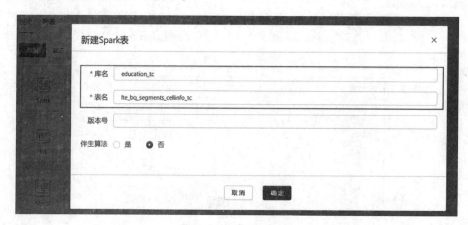

图 6-9　新建 Spark 表

- 步骤 2.2 Spark 表配置界面如图 6-10 所示。

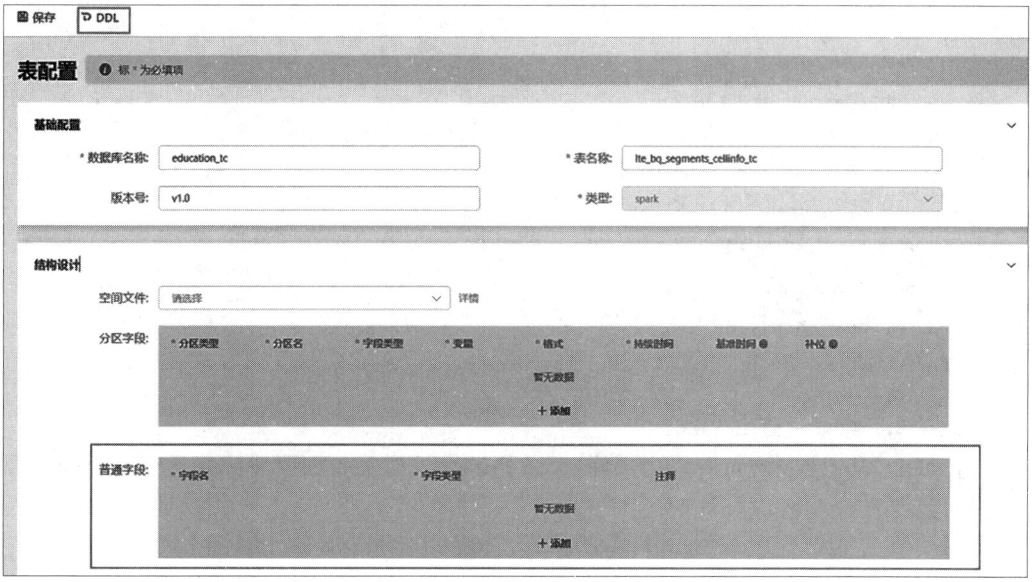

图 6-10 Spark 表配置界面

双击已创建的 Spark 表,添加操作选择字段,如图 6-10 所示。字段名称和字段类型要与输入数据表一一对应。也可以通过 DDL 建表语句来定义,如代码 6-1 所示。

代码 6-1 创建质差路段小区信息表 lte_bq_segments_cellinfo_tc

```
1  -- 创建新的表
2  CREATE TABLE education_tc.lte_bq_segments_cellinfo_tc (
3    dataid bigint comment ' 数据流 ID'
4    logdate date comment ' 数据日期'
5    timestamp timestamp comment ' 记录时间戳'
6    segmentid int comment ' 路段 ID'
7    startts timestamp comment ' 路段起点时间戳'
8    endts timestamp comment ' 路段终点时间戳'
9    startlon double comment ' 路段起点经纬度'
10   endlon double comment ' 路段终点经纬度'
11   startlat double comment ' 路段起点经纬度'
12   endlat double comment ' 路段终点经纬度'
13   duration double comment ' 路段持续总时长'
14   distance double comment ' 路段总长度'
15   badsample int comment ' 路段质差采样点数量'
16   sample int comment ' 路段采样点的总数量'
17   servingrsrp double comment ' 采样点服务小区 RSRP'
18   servingsinr double comment ' 采样点服务小区 SINR'
19   longitude double comment ' 经度'
20   latitude double comment ' 纬度'
```

21   cellindex bigint comment ' 小区索引号 '

22   pci int comment ' 物理小区标识 '

23   siteid bigint comment ' 基站 ID'

24   sitename string comment ' 基站名称 '

25   cellid int comment ' 小区 ID'

26   cellname string comment ' 小区名称 '

27   azimuth int comment ' 方位角 '

28   hbwd int comment ' 波瓣角 '

29   s_lon double comment ' 服务小区经度 '

30   s_lat double comment ' 服务小区纬度 '

31   ) PARTITIONED BY (input_date string, input_hour int); -- 对数据进行时间和日期分区

- 步骤 2.3 确定与查看字段。

通过 DDL 写入建表语句后,单击"确定"按钮。在表配置界面可看到普通字段部分已添加了对应字段,如图 6-11 和图 6-12 所示。

图 6-11　提示页面

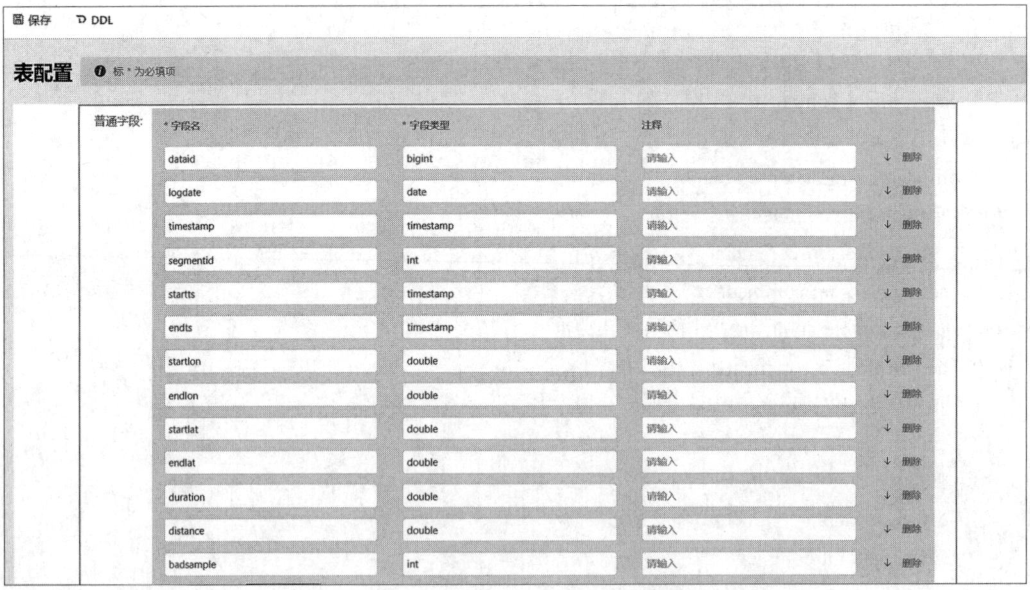

图 6-12　添加后的字段界面

- 步骤 2.4 添加时间分区。

Spark 表 Lte_bq_segments_cellinfo_tc 需要添加时间分区,即在结构设计处添加清洗计算的时间,后续可通过日期对计算结果进行查询,如图 6-13 所示。

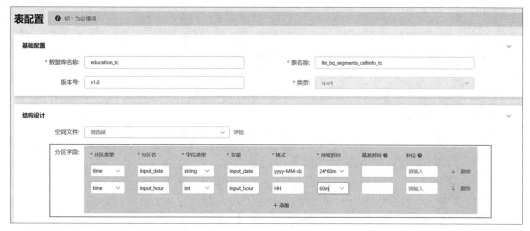

图 6-13 结构设计配置

- 步骤 2.5 上线 Spark 表。

上线 Spark 表包含"提交开发库"和"发布生产库"两个步骤。发布生产成功后才能使用，如图 6-14 所示。

- 步骤 2.6 创建 SQL 算法。

新建一个 Spark-SQL 算法，如图 6-15 所示。

图 6-14 上线 Spark 表   图 6-15 新建 SQL 算法

- 步骤 2.7 编写 SQL 算法代码。

完成建表语句后，双击画布中的算法，编写基站告警的算法 SQL 代码，如代码 6-2 所示。

代码 6-2 算法生成质差路段小区信息表 lte_bq_segments_cellinfo_tc

```
-- ******************************************************* --
-- 说明:可使用 $ 引用输入输出表分区变量;使用#引用业务参数变量。
-- ******************************************************* --
1 -- 质差问题路段临时表
2 drop table if exists temp_lte_bq_segments; -- 如果数据库中存在该表,则删除
3 cache table temp_lte_bq_segments as -- 缓存表
```

```
4 select *from education.lte_bq_segments -- 显示该表的所有字段及数据

5 where input_date=' $ lte_coverage_siteinfo.input_date $'    -- 用于提取那些满足指定条件的记录

6   and input_hour= $ lte_coverage_siteinfo.input_hour $

7   and dataid>0

8 ;

9 -- 工程参数临时表

10 drop table if exists temp_lte_coverage_siteinfo

11 cache table temp_lte_coverage_siteinfo as

12 select  *from education.lte_coverage_siteinfo

13 where input_date=' $ lte_coverage_siteinfo.input_date $'

14   and input_hour= $ lte_coverage_siteinfo.input_hour $

15   and dataid>0

16 ;

17 -- 采样信息临时表

18 drop table if exists temp_lte_bin_cellmearsure_servingcell

19 cache table temp_lte_bin_cellmearsure_servingcell as

20 select  *from education.lte_bin_cellmearsure_servingcell

21 where input_date=' $ lte_coverage_siteinfo.input_date $'

22   and input_hour= $ lte_coverage_siteinfo.input_hour $

23   and dataid>0

24 ;

25 -- 获取质差路段匹配的采样信息

26 drop table if exists temp_lte_bin_cellmearsure_servingcell_mid; -- 若数据库中存在该表,则删除

27 cache table temp_lte_bin_cellmearsure_servingcell_mid as

28 select

29    t1.dataid, -- t1 表 数据流 ID

30    t1.segmentid, -- t1 表 路段 ID

31    t2.cellindex, -- t1 表 小区索引号

32    t2.servingrsrp, -- t2 表 采样点服务小区 RSRP

33    t2.servingsinr, -- t2 表 采样点服务小区 SINR

34    t2.longitude, -- t2 表 经度

35    t2.latitude -- t2 表 纬度

36 from temp_lte_bq_segments t1

37 join temp_lte_bin_cellmearsure_servingcell t2 on t1.dataid=t2.dataid and t2.timestamp≥t1.startts and t1.
endts≥t2.timestamp -- 用于根据两个或多个表中的列之间的关系,从这些表中查询数据

38 ;

39 -- 生成质差问题路段信息汇聚表 t1 为问题路段信息 t2 为采样信息 t3 为小区信息

40 insert overwrite table education_tc.lte_bq_segments_cellinfo_tc partition(input_date=' $ lte_coverage_
siteinfo.input_date $' ,input_hour= $ lte_coverage_siteinfo.input_hour $ ) -- 先清空表中对应分区的数据,再向
表中对应分区插入数据
```

```
41  select
42      t1.dataid, -- t1 表 数据流 ID
43      t1.logdate, -- t1 表 数据日期
44      t1.timestamp, -- t1 表 记录时间戳
45      t1.segmentid, -- t1 表 路段 ID
46      t1.startts, -- t1 表 路段起点时间戳
47      t1.endts, -- t1 表 路段终点时间戳
48      t1.startlon, -- t1 表 路段起点经纬度
49      t1.endlon, -- t1 表 路段终点经纬度
50      t1.startlat, -- t1 表 路段起点经纬度
51      t1.endlat, -- t1 表 路段终点经纬度
52      t1.duration, -- t1 表 路段持续总时长
53      t1.distance, -- t1 表 路段总长度
54      t1.badsample, -- t1 表 路段质差采样点数量
55      t1.sample, -- t1 表 路段采样点的总数量
56      t2.servingrsrp, -- t2 表 采样点服务小区 RSRP
57      t2.servingsinr,-- t2 表 采样点服务小区 SINR
58      t2.longitude, -- t2 表 经度
59      t2.latitude, -- t2 表 纬度
60      t3.cellindex, -- t3 表 小区索引号
61      t3.pci, -- t3 表 物理小区标识
62      t3.siteid, -- t3 表 基站 ID
63      t3.sitename, -- t3 表 基站名称
64      t3.cellid, -- t3 表 小区 ID
65      t3.cellname, -- t3 表 越区覆盖小区名称
66      t3.azimuth, -- t3 表 方位角
67      t3.hbwd, -- t3 表 波瓣角
68      t3.longitude as s_lon, -- t3 表 服务小区经度
69      t3.latitude as s_lat -- t3 表 服务小区纬度
70  from temp_lte_bq_segments t1
71  left join temp_lte_bin_cellmearsure_servingcell_mid t2 on t1.dataid = t2.dataid and t2.segmentid = t1.seg-
mentid
72  left join temp_lte_coverage_siteinfo t3 on t1.dataid = t3.dataid and t3.cellindex = t2.cellindex -- 以左表为
基础，根据 ON 后给出的条件将两个表连接起来。结果会将左表所有的查询信息列出，而右表只列出 ON
后条件与左表满足的部分，将关联的结果输入至 lte_bq_segments_cellinfo_tc 表中
73  ;
```

- 步骤 2.8 对 SQL 算法进行配置。

单击右侧的算法配置，在"基础配置"中选择驱动类型为"data"，在"任务实例化配置"中选择 cron 配置为"小时"，如图 6-16 所示。

图 6-16　基础和任务实例化配置

在"输入数据配置"的"选择数据节点"处，选择原始表 lte_bin_cellmearsure_servingcell、lte_bq_segments 和 lte_coverage_siteinfo 进行关联，如图 6-17 所示。在"输出配置"中选择 lte_bq_segments_cellinfo_tc 表，如图 6-18 所示。

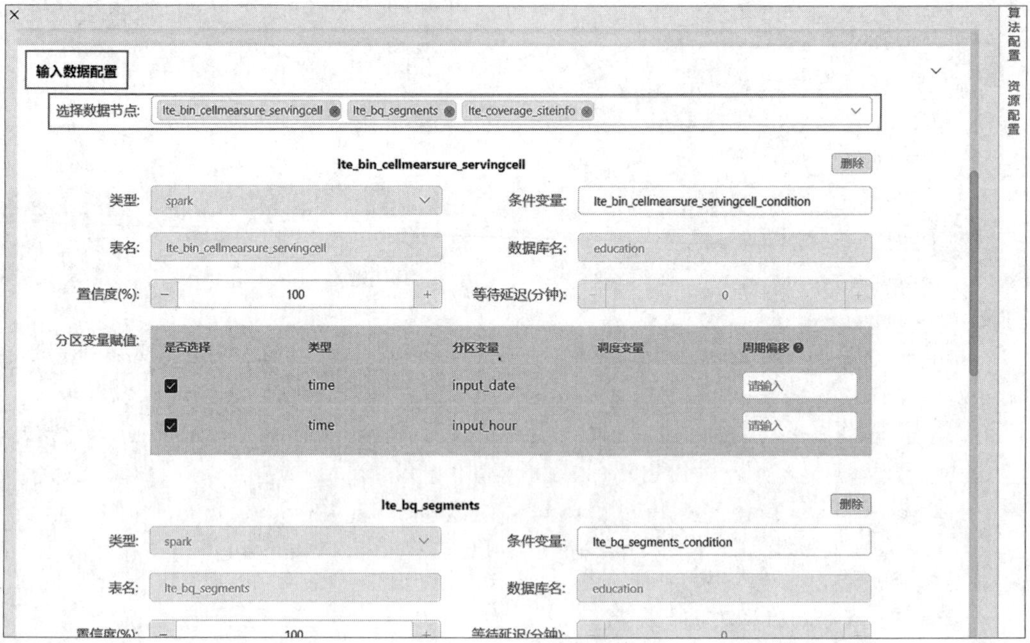

图 6-17　输入数据配置

图 6-18 输出数据配置

- 步骤 2.9 对编写后的内容进行调试。

单击"调试"按钮,可以在运行日志中看到调试结果,如图 6-19 所示。

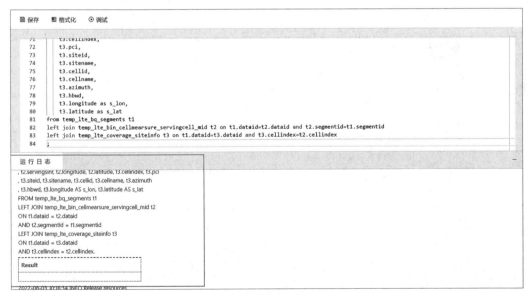

图 6-19 调试结果

- 步骤 2.10 算法发布生产。

将所配置好的 lte_bq_segments_cellinfo_tc 算法,提交发布生产库。算法发布时,需注意选择时间为 2021-09-16 并且勾选"是否重新生成已存在的任务",如图 6-20 所示。

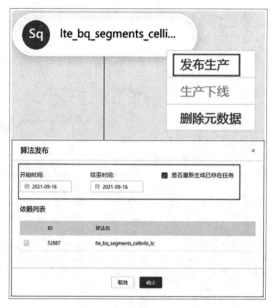

图 6-20　算法发布

- 步骤 2.11 添加 PG 表。

在可视化开平台"数据"中拖拽 PG 图标，新建 PG 表，如图 6-21 和图 6-22 所示。库名和表名自定义，其中库名需与中间表数据库名一致，同时勾选"伴生算法"。

图 6-21　新建 PG 表

- 步骤 2.12 连接 PG 表。

拖拽中间表的箭头，将其连接至新建的 PG 表，如图 6-22 所示。

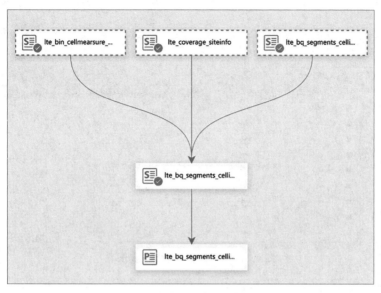

图 6-22　连接 PG 表

- 步骤 2.13 PG 算法配置。

单击"算法"可查阅并配置 PG 算法,如图 6-23～图 6-25 所示。"数据去向"采用默认值,"同步时是否覆盖"选择"是",同步字段不要选分区字段。单击右侧"算法配置",驱动类型选择"data",cron 配置选择"小时"。

- 步骤 2.14 PG 算法发布生产。

右键单击选择"发布生产",如图 6-26 和图 6-27 所示,注意其发布时间。

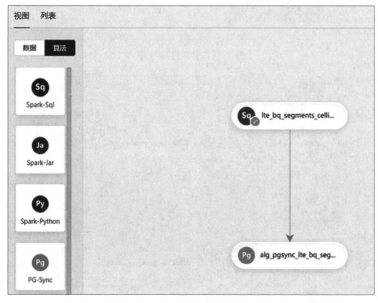

图 6-23　PG 表在画布上的位置

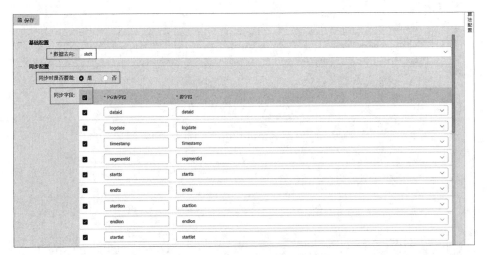

图 6-24　PG 算法基础与同步配置

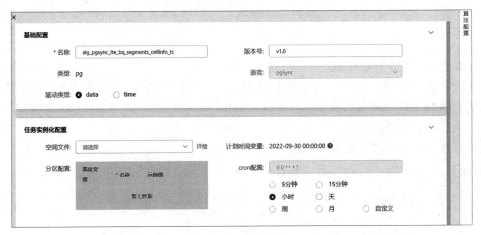

图 6-25　PG 算法配置

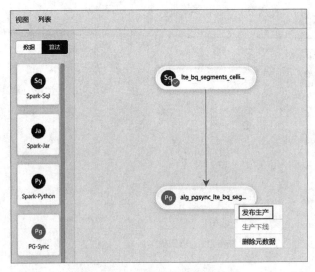

图 6-26　PG 算法发布生产界面

图 6-27　PG 算法发布

三、告警问题分析

- 步骤 3.1 新建另一张 Spark 表。

通过拖拽 Spark 图标生成数据表,不选择"伴生算法",版本号为空,如图 6-28 所示。

图 6-28　新建 Spark 表

- 步骤 3.2 添加 DDL 语句。

定义字段及字段类型的方法如前所述,本步骤仅给出对应代码,如代码 6-3 所示。

代码 6-3　创建告警问题分析结果表 Result_lte_bq_segments_alarm_tc

```
1 -- 创建新的表
2 CREATE TABLE education_tc.Result_lte_bq_segments_alarm_tc (
3   dataid bigint comment ' 数据 ID'
4   segmentid bigint comment ' 质差问题编号'
5   timestamp string comment ' 告警发生时间'
6   siteid bigint comment ' 基站 ID'
7   sitename string comment ' 基站名称'
8   cellid int comment ' 小区 ID'
9   cellname string comment ' 小区名称'
```

```
10    Cellidex bigint comment '小区索引'
11    occurtime timestamp comment '告警发生时间'
12    alarmresumetime timestamp comment '告警结束时间'
13    alarmcode string comment '告警码'
14    pci int comment '物理小区标识'
15    azimuth int comment '方位角'
16    hbwd int comment '波瓣角'
17    s_lon double comment '服务小区经度'
18    s_lat double comment '服务小区纬度'
19    ) PARTITIONED BY (input_date string, input_hour int); -- 定义时间分区和日期分区
```

- 步骤 3.3 确定与查看字段。

通过 DDL 写入建表语句后,单击"确定"按钮,添加的字段信息如图 6-29 所示。

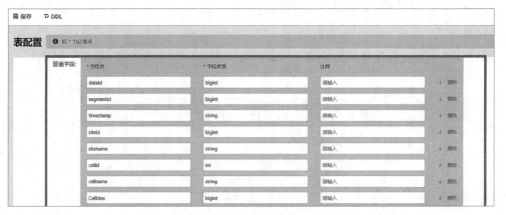

图 6-29　字段信息(部分)

- 步骤 3.4 添加分区字段。

为 Spark 表 Result_LTE_bq_segments_alarm_tc 添加分区字段,如图 6-30 所示。

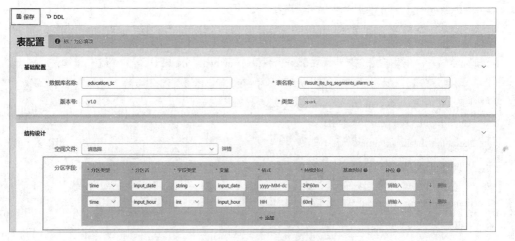

图 6-30　分区字段设置

- 步骤 3.5 上线 Spark 表。

将该表提交开发库并发布生产。

- 步骤 3.6 创建 SQL 算法。

新建一个 Spark-Sql 算法，名称为"Result_lte_bq_segments_alarm_tc"。

- 步骤 3.7 编写 SQL 算法代码。

双击画布中的算法，编写基站告警算法的 SQL 代码，如代码 6-4 所示。

代码 6-4 算法生成告警问题分析结果表 Result_lte_bq_segments_alarm_tc

```
-- ******************************************************************** --
1  -- 质差路段信息详表
2  drop table if exists temp_lte_bq_segments_cellinfo; -- 如果数据库中存在该表,则删除
3  cache table temp_lte_bq_segments_cellinfo as -- 缓存表
4  select  *
5  from education_tc.lte_bq_segments_cellinfo_tc -- 显示该表的所有字段及数据
6  where input_date=' $ lte_bq_segments_cellinfo_tc.input_date $'    -- 提取满足指定条件的记录
7    and input_hour= $ lte_bq_segments_cellinfo_tc.input_hour $
8  ;
9  -- 生成告警问题分析结果表 aa 为质差路段信息详表,bb 为设备厂家告警表
10  insert overwrite table education_tc.result_lte_bq_segments_alarm_tc partition(input_date=' $ lte_bq_seg-
ments_cellinfo_tc.input_date $',input_hour= $ lte_bq_segments_cellinfo_tc.input_hour $ ) -- 先清空表中对应分
区的数据,再向表中对应分区插入数据
11  select distinct -- 去除重复数据
12    aa.dataid, -- aa 表 数据 ID
13    aa.segmentid, -- aa 表 质差问题编号
14    aa.timestamp, -- aa 表 告警发生时间
15    aa.siteid, -- aa 表 基站 ID
16    aa.sitename, -- aa 表 基站名称
17    aa.cellid, -- aa 表 小区 ID
18    aa.cellname, -- aa 表 小区名称
19    aa.cellindex, -- aa 表 小区索引
20    bb.occurtime, -- bb 表 告警发生时间
21    bb.alarmresumetime, -- bb 表 告警结束时间
22    bb.alarmcode, -- bb 表 告警码
23    aa.pci, -- aa 表 物理小区标识
24    aa.azimuth, -- aa 表 方位角
25    aa.hbwd, -- aa 表 波瓣角
26    aa.s_lon, -- aa 表 服务小区经度
27    aa.s_lat -- aa 表 服务小区纬度
28  from temp_lte_bq_segments_cellinfo aa
29  left join education.omc_zte_huawei_alarm_union bb on aa.siteid=bb.siteid -- -- 左连接,并将结果输入
至 result_lte_bq_segments_alarm_tc 表中
30  where bb.occurtime<=aa.timestamp and (bb.alarmresumetime is null or aa.timestamp<=bb.alarmresume-
time) -- -- 用于提取满足指定条件的数据记录
31  ;
```

• 步骤 3.8 配置算法。

单击"算法配置","驱动类型"选择"data","cron 配置"选择"小时",如图 6-31 所示。

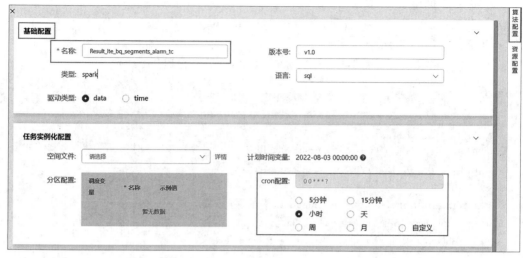

图 6-31　Result_LTE_bg_segments_alarm_tc 算法配置

在"选择数据节点"处选择中间表 lte_bq_segments_cellinfo_tc 与原始表 omc_zte_huawei_alarm_union 并进行关联,如图 6-32 所示。

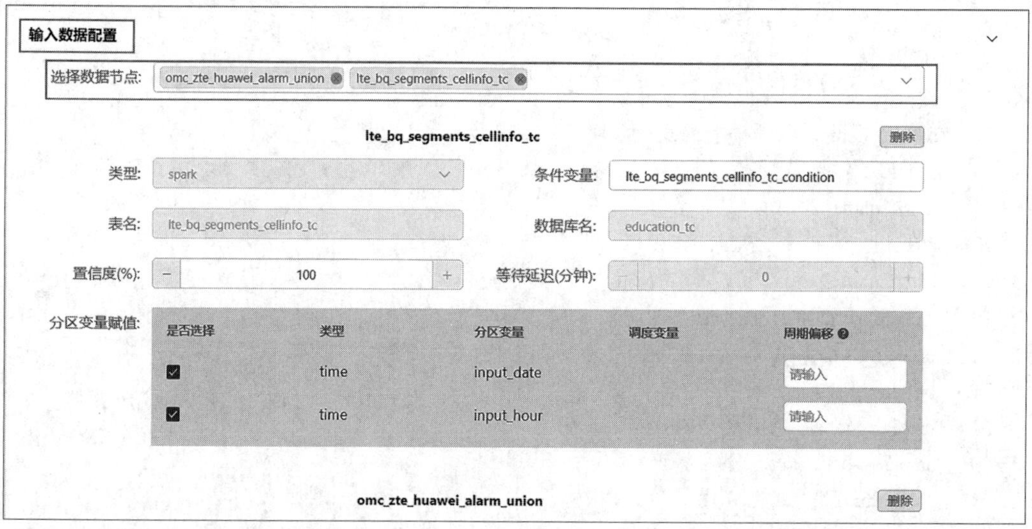

图 6-32　Result_LTE_bg_segments_alarm_tc 输入数据配置

在"输出配置"中选择 Result_lte_bq_segments_alarm_tc 表,如图 6-33 所示。

• 步骤 3.9 对算法进行调试。

单击"调试"按钮,运行结果如图 6-34 所示。

• 步骤 3.10 算法发布。

将 Result_lte_bq_segments_alarm_tc 算法,提交发布生产。在算法发布需勾选"是否重新生成已存在的任务",并且选择开始时间和结束时间为"2021-09-16",如图 6-35 所示。

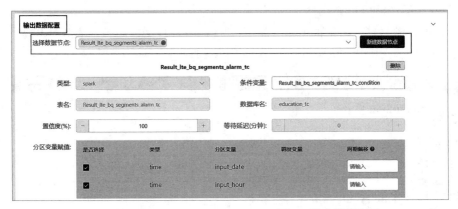

图 6-33　Result_LTE_bg_segments_alarm_tc 输出数据配置

```
1   --******************************************************--
2   --说明:可使用#引入输入表分区变量; 使用#引用业务参数变量
3   --******************************************************--
4   drop table if exists temp_lte_bq_segments_cellinfo;
5   cache table temp_lte_bq_segments_cellinfo as
6   select *
7   from education_tc.lte_bq_segments_cellinfo_tc
8   where input_date='$lte_bq_segments_cellinfo_tc.input_date$'
9     and input_hour=$lte_bq_segments_cellinfo_tc.input_hour$
10  ;
11
12  insert overwrite table education_tc.result_lte_bq_segments_alarm_tc partition(input_date='$lte_bq_segments_cellinfo_tc.input_date$',input_hour=$lte
13  select distinct
14      aa.dataid,
15      aa.segmentid,
16      aa.timestamp,
17      aa.siteid,
18      aa.sitename,
19      aa.cellid,
20      aa.cellname,
21      aa.cellindex,
```

运行日志

```
LEFT JOIN dev_education.omc_zte_huawei_alarm_union bb ON aa.siteid = bb.siteid
WHERE bb.occurtime <= aa.timestamp
AND (bb.alarmresumetime IS NULL
OR aa.timestamp <= bb.alarmresumetime);
Result

2022-08-03 11:21:32 INFO Release resources.
2022-08-03 11:21:32 INFO Sql Debug Success.
```

图 6-34　算法调试

图 6-35　Result_lte_bq_segments_alarm_tc 发布生产

- 步骤 3.11 添加 PG 数据库。

在开发平台的"数据"中拖拽 PG 图标,新建 PG 表。自定义库名和表名,同时勾选伴生算法,如图 6-36 所示。其中,PG 表的库名需与结果表的库名一致。

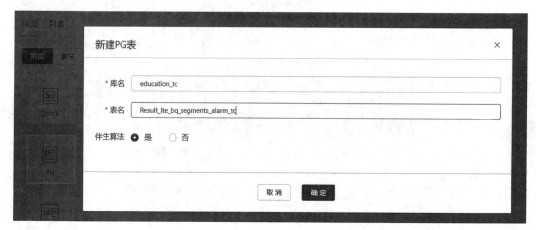

图 6-36　新建 PG 数据库

- 步骤 3.12 连接 PG 表。

拖拽中间表的箭头,将其连接至新建的 PG 表,如图 6-37 所示。

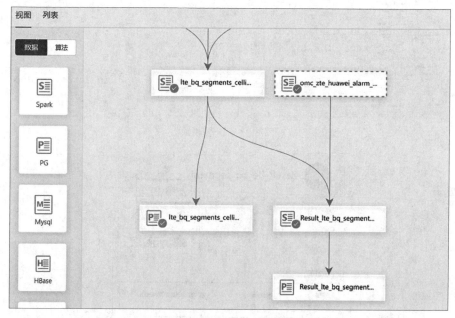

图 6-37　连接 PG 表

- 步骤 3.13 PG 算法配置。

单击"算法"查看 PG 算法,如图 6-38 所示。"数据去向"采用默认值,"同步时是否覆盖"选择"是",同步字段不要选分区字段,如图 6-39 所示。单击右侧"算法配置",驱动类型选择"data",cron 配置选择"小时",如图 6-40 所示。

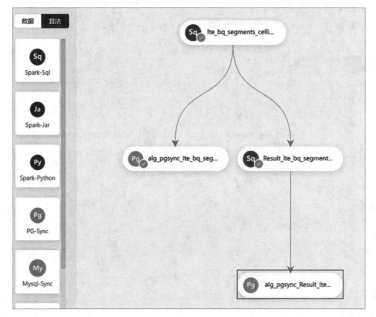

图 6-38　PG 表在画布上的位置

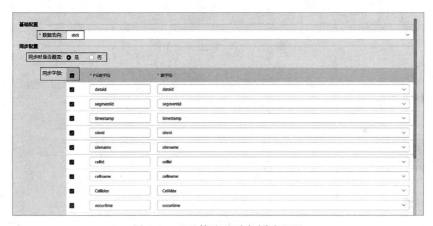

图 6-39　PG 算法基础与同步配置

图 6-40　PG 算法配置

- 步骤 3.14 PG 算法发布生产。

保存算法,右键单击进行发布生产,注意其发布时间,如图 6-41 和图 6-42 所示。

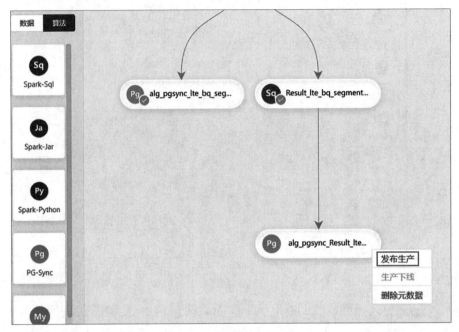

图 6-41　PG 算法发布生产

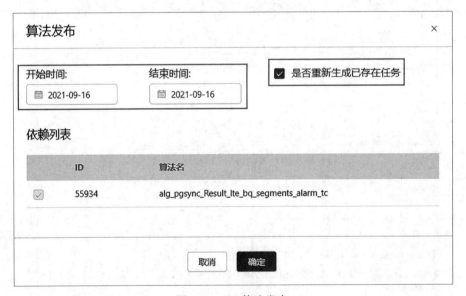

图 6-42　PG 算法发布

四、结果查看

通过上述的步骤可以在平台上查看表的数据架构,如图 6-43 所示。

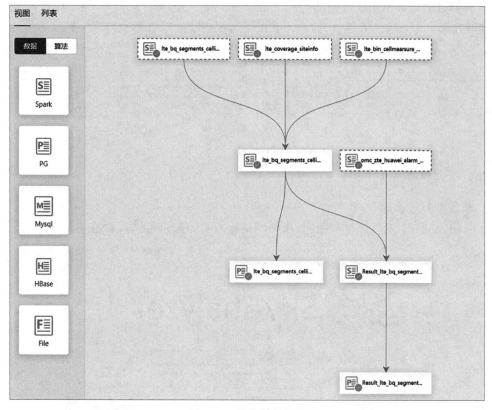

图 6-43 最终数据架构

• 步骤 4.1 在任务看板查看运行状态和结果。

算法发布生产环境进行数据清洗后,单击右上角的"任务看板"查看清洗任务的运行状态和结果,如图 6-44 所示。

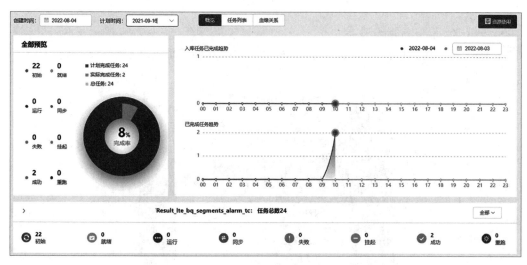

图 6-44 任务看板

• 步骤 4.2 查询结果表数据。

在开发平台中,通过"数据查询"查询数据是否成功清洗至结果表的语句为:

select ＊ from 数据库名.＋结果表名;(图 6-45 中表名仅供参考使用,操作时输入实际表名)

select * from education_tc.Result_lte_bq_segments_alarm_tc1;

dataid	segmentid	timestamp	siteid	sitename	cellid	cellname	Cellidex	occurtime	alarmresumetime	alarmcode	pci	azimuth	hbwd	s_lon	s_lat	inpu
2	4	2020-07-06 13:11:35.051	496893	东城青年湖北街4号HL	144	东城青年湖北街4号HL-144	198121	1593915695000	1594371707000	X2接口故障告警	96	95	65	116.39977	39.95989	2020
2	4	2020-07-06 13:11:35.051	496893	东城青年湖北街4号HL	141	东城青年湖北街4号HL-141	162008	1593915695000	1594371707000	X2接口故障告警	96	95	65	116.39977	39.95989	2020

图 6-45　数据查询

五、数据展示

• 步骤 5.1 登录 SKA 平台。

登录 SKA 界面,输入账号和密码(操作时请输入实际账户名称),如图 6-46 所示。

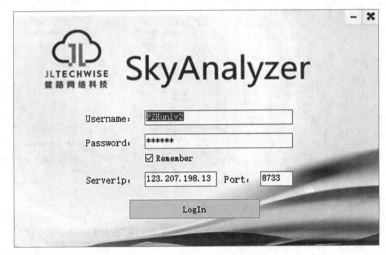

图 6-46　SKA 平台登录图

• 步骤 5.2 操作指标编辑器。

打开 SKA 工具,单击"工具"菜单然后进入"自定义指标编辑器",如图 6-47 所示。

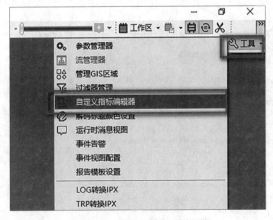

图 6-47　自定义指标编辑器

- 步骤 5.3 连接 PG 库。

在弹出的自定义编辑器中,右键单击"connection"选择添加的链接数据类型,当前场景下使用"Postgresgl"连接,如图 6-48 所示。

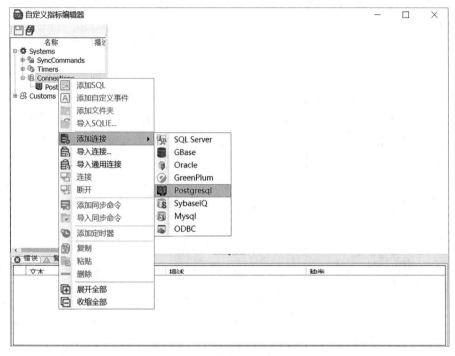

图 6-48　添加 PG 库连接

- 步骤 5.4 设置 PG 连接参数。

在弹出的对话框中设置链接的 PG 数据库参数,包括 User Name、Password、IP、端口和数据库名等(操作时请根据实际情况进行设置)。

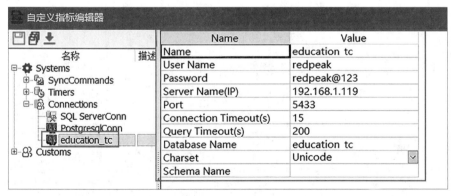

图 6-49　PG 库连接配置

- 步骤 5.5 连接 PG 库。

右键单击所添加的连接,单击"连接"按钮,成功后可在状态一栏查看到"×"符号消失,如图 6-50 所示。若未成功则需要重新配置直至成功。

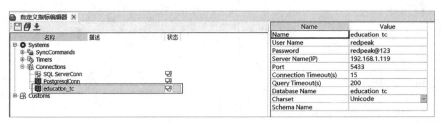

图 6-50　连接 PG 库

- 步骤 5.6 编辑、查询中间表数据。

在"Customs"目录下选择"公用信息",选择"LTE"。单击"质差问题路段信息表",在"数据库连接"处选择所创建的连接,将"from"后面的表名改为在本任务中创建的中间表的表名,如图 6-51 所示。最后单击"预览配置"可以查询中间表数据,如图 6-52 所示。

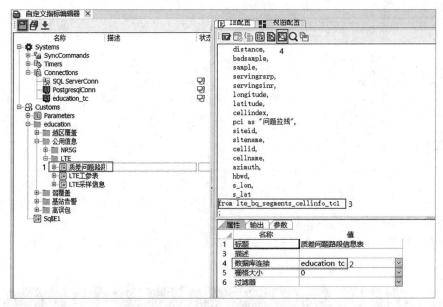

图 6-51　在 SKA 上查询中间表

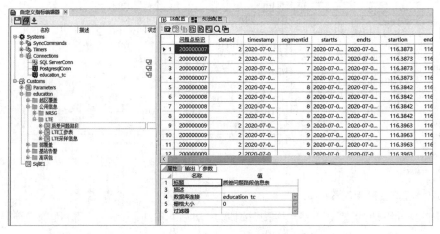

图 6-52　SKA 中间表数据呈现

• 步骤 5.7 编辑、查询结果表数据。

选择"基站告警",单击"基站告警结果表"。在"数据库连接"处选择所创建的连接,将"from"后面的表名改为在本任务中创建的结果表表名,如图 6-53 所示。单击"预览配置"进行查询,如图 6-54 所示。

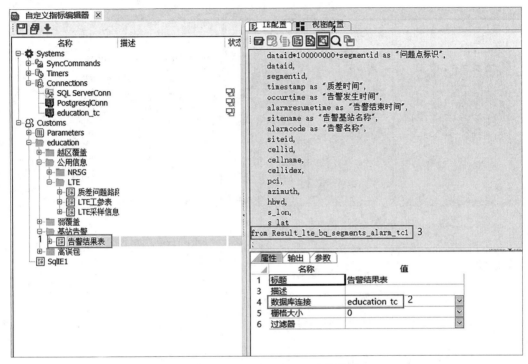

图 6-53 在 SKA 上查询基站告警结果表

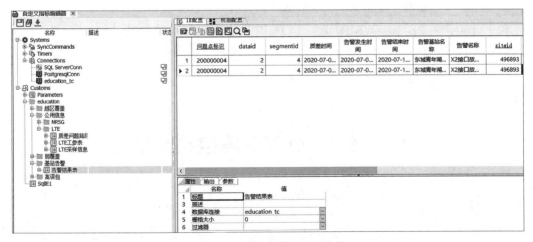

图 6-54 基站告警结果表数据

• 步骤 5.8 图形呈现。

将红框中的内容拖拽入右边界面,最后基站告警图形结果如图 6-55 所示。

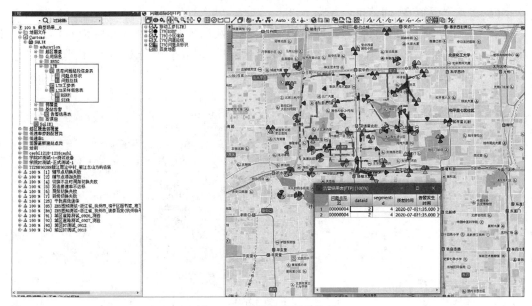

图 6-55　基站告警图形结果

【任务拓展】

思考一下,基站告警还有哪些告警类型?

【任务测验】

1. 以下选项中数据定义语言为?(　　　)

A. DDL　　　　　　　　B. DML　　　　　　　　C. DCL　　　　　　　　D. DCM

2. 以下选项中基站告警结果表为?(　　　)

A. Result_lte_bq_segments_alarm　　　　　　B. lte_bq_segments_cellinfo

C. lte_bq_segements

答案:

1. A;2. A。

任务 6.3　越区覆盖自动分析

【任务描述】

本任务以大数据技术为依托,旨在完成越区覆盖问题的分析。通过此任务,可以了解越区覆盖的现象和成因,掌握基于通信大数据的越区覆盖问题分析方法。

【任务准备】

完成本任务,需要做以下知识准备:

（1）了解越区覆盖的成因；

（2）了解越区覆盖的现象；

（3）了解越区覆盖的解决方式；

（4）了解越区覆盖自动分析算法设计；

（5）了解越区覆盖自动分析算法开发。

一、越区覆盖的现象

越区覆盖一般是指某些基站的覆盖区域超过了规划的范围，在其他基站的覆盖区域内形成不连续的主导区域。比如，某些大大超过周围建筑物平均高度的站点，发射信号沿丘陵地形或道路可以传播很远，在其他基站的覆盖区域内形成了主导覆盖，产生"岛"的现象，如图 6-56 所示。

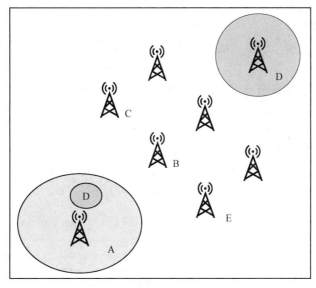

图 6-56　越区覆盖示意图

因此，当呼叫接入到远离某基站而仍由该基站服务的"岛"形区域上，并且在小区切换参数设置时，"岛"周围的小区没有设置为该小区的邻近小区，则一旦当移动台离开该"岛"时，就会立即发生掉话。而且即便是配置了邻区，由于"岛"的区域过小，也容易造成切换不及时而掉话。此外，港湾的两边区域，如果不对海边基站规划做特别的设计，就会因港湾两边距离很近而容易造成这两部分区域的互相越区覆盖，形成干扰。

二、越区覆盖的成因

首先，在网络规划过程中，应结合基站站址的间距，周围的地物地形数据进行基站的天线挂高、方向角、倾角、发射功率等参数的设计。因对某些基站周围的地形地物的情况了解，而盲目进行一些参数的设计，比如天线设计不合理，这便会产生远端越区覆盖情况。特别是一些沿道路方向发射信号的小区，又或者江河两岸，无线传播环境良好，更有可能产生这种越区覆盖问题。其次，各地网络在建网初期存在大功率大覆盖的基站。天线过高，覆盖距离过远，本身就会有越区覆盖的情况。在经过数期扩容后,增加了不少覆盖扇区。此时,初期基站天线的高度应该适当降低,否则对周围基站扇区产生干扰,同时也会产生越区覆盖。此外,在网络优化过程中,调整天线倾角时,当机械下倾角度达到10°以上时,水平方向波形严重畸变,也容易产生越区覆盖。同时,在市区条件下,因为有很多站址资源很宝贵,很难取得好的站址,有的站址天线很高,而有的站址很低,这样就难免存在越区覆盖的情况。另外,直放站设备拉远扇区信号,由于各种各样的原因,被迫放大使用一些距离较远的信号源,出现在不应该出现的远端,导致越区覆盖。

三、越区覆盖的解决方式

解决越区覆盖的常用措施:

(1) 减小越区覆盖小区的功率;

(2) 减小天线下倾角;

(3) 调整天线方向角;

(4) 降低天线高度;

(5) 更换天线。改用小增益天线。机械下倾天线更换为电子下倾天线。宽波瓣波束天线更换为窄波瓣天线等;

(6) 如果由于站点过高造成越区覆盖,在其他手段无效的情况下,可以考虑调整网络拓扑,搬迁过高站点。

四、越区覆盖自动分析流程

本节通过越区覆盖自动分析流程,如图 6-57 所示,说明质差区域的分析和故障的快速定位逻辑关系。

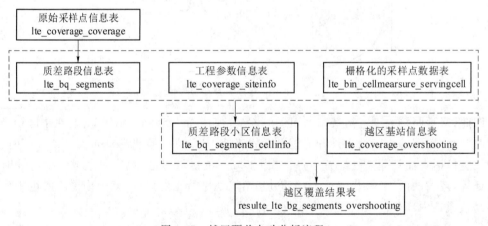

图 6-57　越区覆盖自动分析流程

通过原始采样点信息表 lte_coverage_coverage,获取质差采样点,形成质差路段信息表 lte_bq_segments。

通过质差路段信息表 lte_bq_segments 和栅格化的采样点数据表 lte_bin_cellmearsure_servingcell、工程参数信息表 lte_coverage_siteinfo 统计质差时间范围内所有的小区信息 cellindex(索引号)、cellname(名称)和 siteID(ID 号)等,生成质差路段小区信息表 lte_bq_segments_cellinfo。

通过质差路段信息小区信息表 lte_bq_segments_cellinfo 和越区基站信息表 lte_coverage_overshooting，生成越区覆盖结果表 resulte_lte_bg_segments_overshooting。

五、越区覆盖自动分析算法开发

本章节重点介绍算法开发的门限、算法说明以及算法生成的新表和字段。

1. lte_bq_segments（质差路段信息表）

（1）表说明

质差路段信息表 lte_bq_segment 记录了质差区域的日期、经纬度信息及信号覆盖的相关数据，详细字段如表 6-7 所示。

表 6-7　质差路段信息字段说明表

字 段 名	字符类型	说　明
dataid	bigint	数据流 ID
SegmentId	int	路段 ID
Timestamp	timestamp	记录时间戳
longitude	decimal(10,6)	经度
latitude	decimal(10,6)	纬度
StartTs	timestamp	路段起点时间
StartLon	decimal(10,6)	路段起点经纬度
StartLat	decimal(10,6)	路段起点经纬度
Duration	int	路段持续总时长
Distance	float	路段总长度
BadSample	int	路段质差采样点数量
Sample	int	路段采样点总数量
EndLon	decimal(10,6)	路段终点经纬度
EndLat	decimal(10,6)	路段终点经纬度
EndTs	timestamp	路段终点时间
AvgRSRP	float	路段服务小区采样点平均 RSRP
AvgSINR	float	路段服务小区采样点平均 SINR
MinRSRP	float	路段服务小区采样点最小 RSRP
MinSINR	float	路段服务小区采样点最小 SINR
MaxRSRP	float	路段服务小区采样点最大 RSRP
MaxSINR	float	路段服务小区采样点最大 SINR
MaxOLNum	int	路段重叠覆盖采样点数量
MaxOSNum	int	路段越区采样点数量
MaxMod3Num	int	路段模三采样点数量
MaxOLOSNum	int	路段重叠覆盖且越区采样点数量
MaxMod3OSNum	int	路段模三且越区采样点数量

（2）输入表

原始采样点信息表：lte_coverage_coverage，它是 lte_bq_segments 的前置输入表。通过该表获取质差采样点，形成质差路段。

（3）算法说明

1）质差采样点的判断算法：

①对于服务小区采样点：SINR≤－3 dB；

②可选条件：RSRP≥－110 dBm，默认不启用。

2）路段聚合算法：

①质差采样点比例≥80％；

②相邻两个采样点距离≤50 m；

③路段长度≥50 m；

④可选：路段持续时长≥10 s，默认不启用。

2. lte_bq_segments_cellinfo（质差路段小区信息表）

（1）表说明

lte_bq_segments_cellinfo 为质差路段小区信息表，主要记录问题路段 ID、时间和对应过覆盖的基站、小区信息等，该表包含的字段信息如表 6-8 所示。

表 6-8　质差路段小区信息表字段说明表

字 段 名	字符类型	说 明
dataid da	bigint	数据流 ID
logdate	date	数据日期
Timestamp	Timestamp	记录时间戳
longitude	decimal(10,6)	经度
latitude	decimal(10,6)	纬度
SegmentId	int	路段 ID
StartTs	timestamp	路段起点时间戳
StartLon	decimal(10,6)	路段起点经纬度
StartLat	decimal(10,6)	路段起点经纬度
Duration	int	路段持续总时长
Distance	float	路段总长度
BadSample	int	路段质差采样点数量
Sample	int	路段采样点总数量
EndLon	decimal(10,6)	路段终点经纬度
EndLat	decimal(10,6)	路段终点经纬度
EndTs	timestamp	路段终点时间戳
AvgRSRP	float	路段服务小区采样点平均 RSRP
AvgSINR	float	路段服务小区采样点平均 SINR

续　表

字　段　名	字符类型	说　　明
MaxOSNum	int	路段越区采样点数量
siteid	bigint	基站 ID
Sitename	bigint	基站名称
cellname	text	越区覆盖小区名称
Cellidex	integer	小区索引号

（2）输入表

质差路段信息表：lte_bq_segments。

栅格化的采样点数据表：lte_bin_cellmearsure_servingcell。

工程参数信息表：lte_coverage_siteinfo，它是 lte_bq_segments_cellinfo 的前置输入表。

（3）算法说明

①获取质差路段起始时间段内的采样信息，汇聚整合质差路段和小区索引信息；

②根据汇聚整合的信息关联工参表，获取对应的基站或小区名称。

3. resulte_lte_bg_segments_overshooting（越区覆盖结果表）

（1）表说明

质差路段越区覆盖分析结果表 resulte_lte_bq_segments_overshooting，记录了问题路段的越区覆盖小区信息、基站信息和覆盖距离等信息，如表 6-9 所示。

表 6-9　越区覆盖结果表字段

字　段　名	字符类型	说　　明
dataid	bigint	数据流 ID
segmentid	bigint	质差问题编号
cellindex	bigint	小区索引值
earfcn	integer	频点
pci	integer	PCI
siteid	bigint	基站 ID
cellid	integer	小区 ID
cellname	text	越区覆盖小区名称
distance	integer	覆盖距离
longitude	decimal(10,6)	经度
latitude	decimal(10,6)	纬度

（2）输入表

质差路段小区信息表：lte_bq_segments_cellinfo。

越区基站信息表：lte_coverage_overshooting。

（3）算法说明

通过 cellindex 关联 lte_bq_segments_cellinfo 和 lte_coverage_overshooting，输出质差路段中越区覆盖对应的采样点和路段。

【任务实施】

越区覆盖自动分析实验流程如图 6-58 所示。

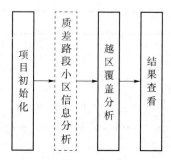

图 6-58　越区覆盖自动分析实验流程

任务 6.2 已经完成 lte_bq_segments_cellinfo 表的建立和算法的发布，本任务可以直接引用，无须重新创建。

一、项目初始化

登录可视化开发平台，新建项目后单击应用开发，新建一个功能。

• 步骤 1.1 新建目录。

选择任务 6.2 项目初始化的步骤 1.1 中创建好的项目，右键单击应用开发，输入目录名称，如图 6-59 所示。

图 6-59　创建新的目录

二、越区覆盖分析

• 步骤 2.1 新建 Spark 表。

通过拖拽 Spark 图标生成数据表，伴生算法选"否"，版本号为空，如图 6-60 所示。表名中的"_tc"为扩展名称，以示其他同类表的区别。

• 步骤 2.2 添加 DDL 语句。

定义字段及字段类型的 DDL 语句为代码 6-5，生成的表配置结果如图 6-61 所示。

图 6-60 新建 Spark 表

代码 6-5 创建质差路段小区信息表 resulte_lte_bq_segments_overshooting_tc 的 DDL 配置

```
1 -- 用于创建新的表
2 CREATE TABLE education_tc.resulte_lte_bq_segments_overshooting_tc (
3   dataid bigint comment '数据 ID'
4   segmentid bigint comment '路段 ID'
5   cellindex bigint comment '小区索引号'
6   earfcn int comment '频点'
7   pci int comment '物理小区标识'
8   siteid bigint comment '基站 ID'
9   cellid int comment '小区 ID'
10  cellname string comment '越区覆盖小区名称'
11  distance int comment '路段总长度'
12  longitude double comment '经度'
13  latitude double comment '纬度'
14 ) PARTITIONED BY (input_date string, input_hour int); -- 定义时间分区和日期分区
```

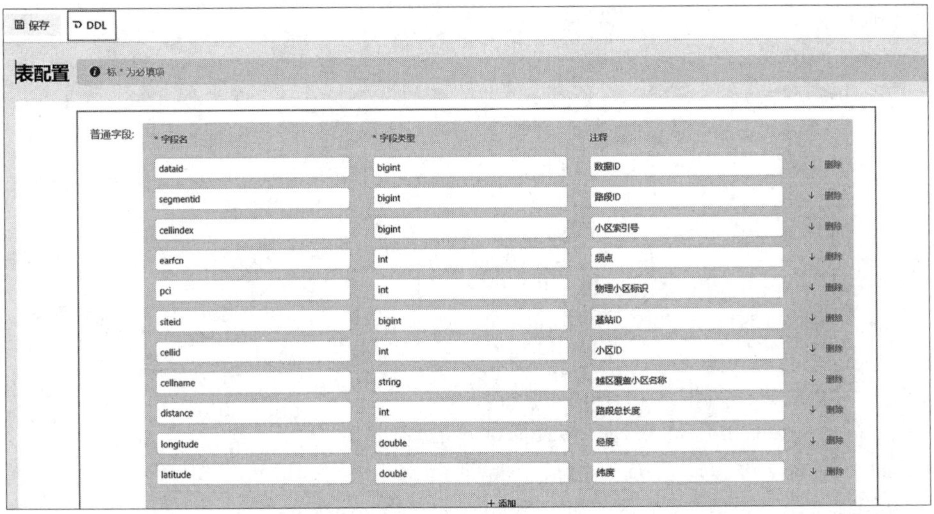

图 6-61 表配置结果

- 步骤 2.3 添加分区字段。

为 Spark 表 resulte_lte_bq_segments_overshooting_tc 添加时间分区,如图 6-62 所示。

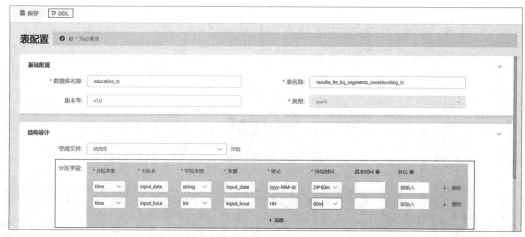

图 6-62 分区字段设置

- 步骤 2.4 上线 Spark 表。

将 Spark 表提交开发库并发布生产。

- 步骤 2.5 创建 SQL 算法。

新建一个 Spark-Sql 算法,名称为"resulte_lte_bq_segments_overshooting_tc"。

- 步骤 2.6 编写 SQL 算法代码。

完成建表语句后,双击画布中的算法,编写越区覆盖的算法 SQL 代码,如代码 6-6 所示。

代码 6-6 通过算法生成质差路段小区信息表 resulte_lte_bq_segments_overshooting_tc

```
1 -- 质差信息临时表
2 drop table if exists temp_lte_bq_segments_cellinfo; -- 如果数据库中存在该表,则删除
3 cache table temp_lte_bq_segments_cellinfo as -- 缓存表 lte_bq_segments_cellinfo
4 select *
5 from education_tc.lte_bq_segments_cellinfo_tc -- 显示表的所有字段及数据
6 where input_date='$ lte_coverage_overshooting.input_date $' -- 用于提取满足指定条件的记录
7   and input_hour= $ lte_coverage_overshooting.input_hour $
8   and dataid>0
9 ;
10 -- 越区小区信息临时表
11 drop table if exists temp_lte_coverage_overshooting
12 cache table temp_lte_coverage_overshooting as
13 select *
14 from education.lte_coverage_overshooting
15 where input_date='$ lte_coverage_overshooting.input_date $'
16   and input_hour= $ lte_coverage_overshooting.input_hour $
17   and dataid>0
18 ;
```

19 -- 获取质差路段越区结果表 a 为质差信息临时表 b 为越区小区信息临时表

20 insert overwrite table education_tc.resulte_lte_bq_segments_overshooting_tc partition(input_date = ' $ lte_coverage_overshooting.input_date $' ,input_hour = $ lte_coverage_overshooting.input_hour $) -- 先清空表中对应分区的数据,再向表中对应分区插入数据

21 select

22   a.dataid, -- a 表 数 据 ID

23   a.segmentid,-- a 表 路 段 ID

24   b.cellindex, -- b 表 小 区 索 引 号

25   b.earfcn,-- b 表 频 点

26   b.pci,-- b 表 物 理 小 区 标 识

27   b.siteid,-- b 表 基 站 ID

28   a.cellid, -- a 表 小 区 ID

29   b.cellname,-- b 表 小 区 名 称

30   a.distance, -- a 表 路 段 总 长 度

31   a.longitude, -- a 表 经 度

32   a.latitude -- a 表 纬 度

33 from temp_lte_bq_segments_cellinfo a

34 left join temp_lte_coverage_overshooting b on a.dataid = b.dataid and a.cellindex = b.cellindex

35 where b.cellindex>0 -- 用于提取那些满足指定条件的数据记录

36 ;

- 步骤 2.7 对算法进行配置。

单击"算法配置","驱动类型"选择"data","cron 配置"选择"小时",如图 6-63 所示。输入数据配置模块,选择中间表 lte_bq_segments_cellinfo_tc 与原始表 lte_coverage_overshooting 并进行关联,如图 6-64 所示。输出配置模块选择表 resulte_lte_bq_segments_overshooting_tc,如图 6-65 所示。

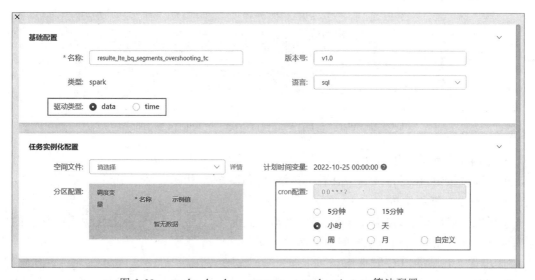

图 6-63　resulte_lte_bq_segments_overshooting_tc 算法配置

图 6-64　resulte_lte_bq_segments_overshooting_tc 输入配置

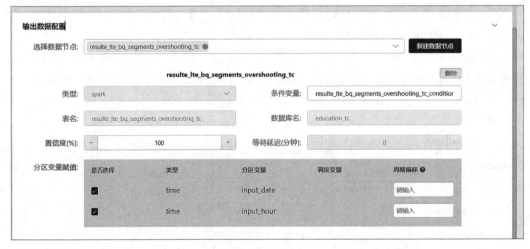

图 6-65　resulte_lte_bq_segments_overshooting_tc 输出配置

- 步骤 2.8 对算法进行调试。

单击调试按钮,在运行日志中查看调试结果,如图 6-66 所示。

- 步骤 2.9 算法发布。

将所配置好的算法,提交发布生产库,在算法发布需注意勾选"是否重新生成已存在的任务",并且选择开始时间和结束时间为 2021-09-16。

- 步骤 2.10 添加 PG 数据库。

新建 PG 表,定义库名和表名,同时勾选伴生算法。其中,库名需与结果表数据库名一致。

- 步骤 2.11 连接 PG 表。

```
圆 保存    墅 格式化    ⊙ 调试
1    --**********************************************************--
2    --说明:可使用$引用输入输出表分区变量,使用#引用业务参数变量
3    --**********************************************************--
4    --质差信息临时表
5    drop table if exists temp_lte_bq_segments_cellinfo;  --如果数据库中存在lte_bq_segments_cellinfos表,就把它从数据库中删除掉。
6    cache table temp_lte_bq_segments_cellinfo as --缓存表lte_bq_segments_cellinfo
7    select *
8    from education_tc.lte_bq_segments_cellinfo_tc  --显示lte_bq_segments_cellinfo_tc这个表的所有字段及数据
9    where input_date='$lte_coverage_overshooting.input_date$'  --用于提取那些满足指定条件的记录
10       and input_hour=$lte_coverage_overshooting.input_hour$
11       and dataid>0
12   ;
13
14   --越区小区信息临时表
15   drop table if exists temp_lte_coverage_overshooting;
```

```
运行日志
2022-08-08 17:58:38 INFO execute sql: INSERT OVERWRITE TABLE dev_education_tc.resulte_lte_bg_segments_overshooting_tc PARTITION (input_date='2022-08-08', input_hour=16)
SELECT a.dataid, segmentid, b.cellindex, b.earfcn, b.pci
, b.siteid, a.cellid, b.cellname, a.distance, a.longitude
, a.latitude
FROM temp_lte_bq_segments_cellinfo a
LEFT JOIN temp_lte_coverage_overshooting b
ON a.dataid = b.dataid
AND a.cellindex = b.cellindex
WHERE b.cellindex > 0.
Result
2022-08-08 17:58:44 INFO Release resources.
```

图 6-66　调试结果

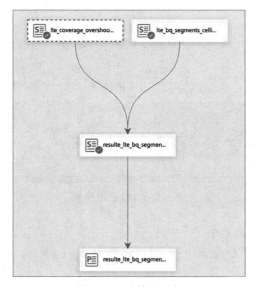

图 6-67　新建 PG 表

图 6-68　连接 PG 表

- 步骤 2.12 PG 算法配置。

单击"算法",为 PG 算法配置同步算法。选择默认的"数据去向","同步时是否覆盖"选择
"是",同步字段不要选分区字段,如图 6-69 所示。单击"算法配置","驱动类型"选择"data",
"cron 配置"选择"小时",如图 6-70 所示。

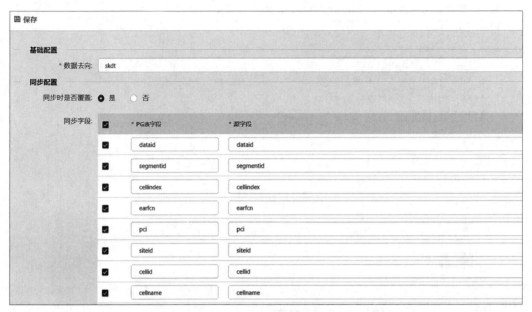

图 6-69　PG 算法配置

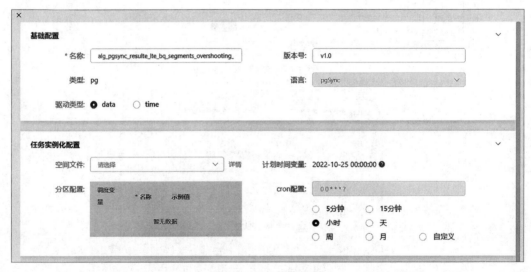

图 6-70　PG 算法配置

- 步骤 2.13 PG 算法发布生产。

保存配置好的算法并进行发布生产,时间选择为 2021-09-16,勾选"是否重新生成已存在
任务"。

三、结果查看

完成上述步骤可以在平台上查看相关表的数据架构,如图 6-71 所示。

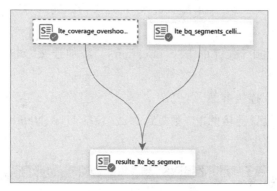

图 6-71　最终数据呈现架构

- 步骤 3.1 在任务看板查看运行状态和结果。

单击右上角的"任务看板",查看运行状态和结果,如图 6-72 所示。

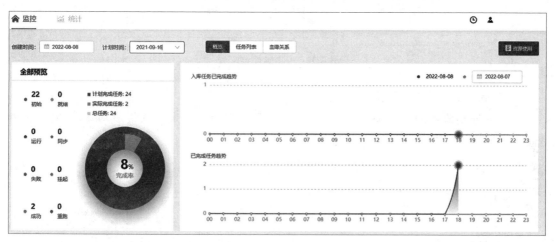

图 6-72　任务看板界面

- 步骤 3.2 查询结果表数据。

通过"数据查询"查询数据是否成功清洗至结果表中,结果如图 6-73 所示。

```
select * from education_tc.resulte_lte_bg_segments_overshooting_tc;
```

dataid	segmentid	cellindex	earfcn	pci	siteid	cellid	cellname	distance	longitude	latitude	input_date	input_hour
1	3	88228	38400	127	884815	202	昌平4G西峰山收费站1Z-202	52	116.05988	40.15694	2021-09-16	14
1	3	88228	38400	127	884815	202	昌平4G西峰山收费站1Z-202	52	116.06018	40.15692	2021-09-16	14
1	4	113412	1350	354	492800	151	昌平葛村南FDZL-151	50	116.13783	40.17081	2021-09-16	14
1	3	88228	38400	127	884815	202	昌平4G西峰山收费站1Z-202	52	116.05988	40.15694	2021-09-16	14
1	3	88228	38400	127	884815	202	昌平4G西峰山收费站1Z-202	52	116.06018	40.15692	2021-09-16	14
1	4	113412	1350	354	492800	151	昌平村南FDZL-151	50	116.13783	40.17081	2021-09-16	14

图 6-73　数据查询结果

四、数据展示

- 步骤 4.1 登录 SKA 平台,操作指标编辑器。

登录 SKA 界面,单击"工具"菜单然后进入"自定义指标编辑器"。

- 步骤 4.2 连接 PG 库。

在自定义指标编辑器中,右键单击"connection","添加连接"对应的类型为"Postgresgl"连接。

- 步骤 4.3 设置 PG 连接参数。

在弹出的对话框中设置链接的 PG 数据库参数,包括 User Name、Password、IP、端口和数据库名等,如图 6-74 所示。

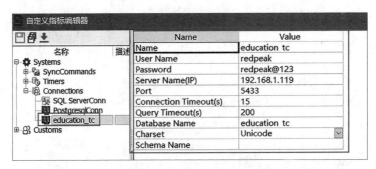

图 6-74　PG 库连接配置

- 步骤 4.4 连接 PG 库。

右键单击所添加的连接,单击"连接"按钮。若"×"号消失,表示连接成功,否则需要重新配置直至成功,如图 6-75 所示。

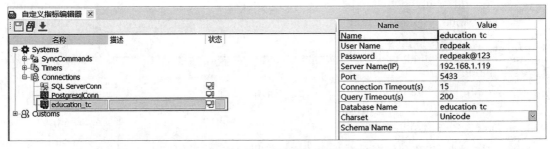

图 6-75　连接 PG 库

- 步骤 4.5 编辑、查询中间表数据。

选择"越区覆盖",单击"越区警结果表"。在"数据库连接"处选择所创建的连接,将"from"后面的表名改为结果表表名 resulte_lte_bq_segments_overshooting_tc,如图 6-76 所示。单击"预览配置",查询结果如图 6-77 所示。

- 步骤 4.6 图形呈现。

将红框中的内容拖拽进入右侧界面,越区覆盖图形结果如图 6-78 所示。

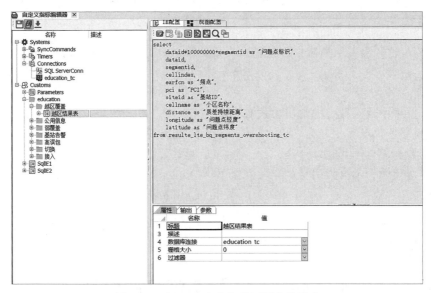

图 6-76 在 SKA 上查询越区覆盖结果表

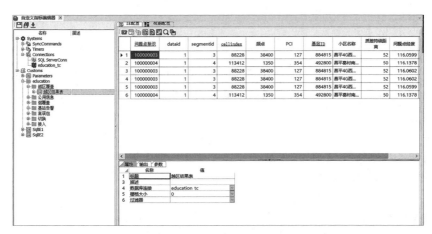

图 6-77 越区覆盖结果表数据

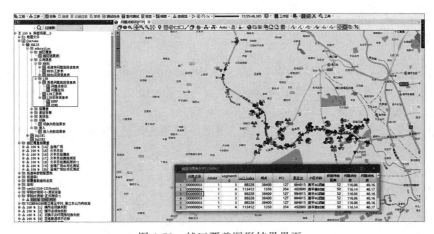

图 6-78 越区覆盖图形结果界面

【任务拓展】

思考一下,越区覆盖的算法设计与基站告警的算法设计有什么相同与不同?

【任务测验】

1. 以下选项中越区覆盖的解决方式有?(　　　)

A. 减小天线下倾角　　　　　　　　　B. 降低天线高度

C. 减小越区覆盖小区的功率　　　　　D. 调整天线方向角

2. 以下选项中为小区索引号的字段名?(　　　)

A. siteid　　　　　　B. cellname　　　　　　C. Cellidex　　　　　　D. dataid

答案:

1. A、B、C、D;2. C。

任务6.4　接入失败自动分析

【任务描述】

本任务以大数据技术为依托,旨在完成接入失败问题的分析。通过此任务,可以了解 NAS 接入流程和接入失败的原因,掌握基于通信大数据的接入失败问题分析方法。

【任务准备】

完成本任务,需要做以下知识准备:

(1) 了解低速率的定义;

(2) 了解接入失败的现象;

(3) 了解接入失败的原因;

(4) 了解接入失败自动分析算法设计;

(5) 了解接入失败自动分析算法开发。

一、低速率的定义

通过原始采样数据表(输入表)dataservice_ftp_downloadspeed 中速率采样点,获取采样点,最后通过栅格化聚合形成低速率路段。

(1) 低速率采样点的判断算法:

速率采样点:ftp_dl_speed≤100M。该门限值可以动态调整,在实际应用中也会因为不同项目不同运营商而要求不同。

(2) 路段聚合算法:

①低速率采样点比例≥50%。

②持续时长≤3 s。

③路段长度≥50 m。

通过聚合算法将分散的问题点进行聚合后变成问题路段,集中问题、集中处理。

二、初始接入流程

接入流程涉及两种不同组网,一种为 NSA 组网接入,另一种为 SA 组网接入。两种组网的接入所传递的数据内容有所不同。

1. NSA 组网接入流程

（1）4G 初始接入流程

UE 在 LTE 网络中完成上下行同步后,向 4G 基站发起随机接入和 RRC 建立、空中接口承载建立等流程。

（2）5G 邻区测量流程

在 LTE 网络接入成功之后,eNodeB 会发送测量控制信令指示 UE 测量 NR 信号电平,测量控制消息中包括测量事件 B1 及 NR 的频点号,UE 测量到 NR 信号满足异系统测量 B1 事件后,会上报 B1 测量报告。

（3）5G 辅站添加流程

LTE 基站在收到 B1 测量报告之后,根据 B1 测量报告中的 5G 邻区消息,LTE 网络向 5G 基站发起辅站添加流程。

（4）路径转换流程

在 Option3X 场景下,SGW 到无线侧的用户面还是在 4G 基站,在 5G 辅站添加成功之后,需要将 UE 的用户面切换至 NR 基站。eNodeB 根据 5G 邻区信息,向核心网发起路径转换流程。

2. SA 组网接入流程

SA 组网时,终端在 NR 接入后向 NGC 发起注册流程。注册流程与 4G 类似,包括随机接入、RRC 建立、UE 能力查询、鉴权加密等流程,但 5G 中的注册和会话建立是独立的流程。

随机接入流程是 UE 开始和网络通信之前的接入流程,指由 UE 向系统请求接入,收到系统的响应并分配信道的过程。随机接入的目的是建立和网络上行的同步关系以及请求网络分配给 UE 专用资源,进行正常的业务传输。NR 系统的随机接入产生的原因包括以下几种:

（1）从 RRC_IDLE 状态接入;

（2）无线链路失败而发起随机接入;

（3）切换过程需要随机接入;

（4）UE 处于 RRC_CONNECTED 时有上行数据到达;

（5）UE 处于 RRC.CONNECTED 时有下行数据到达;

（6）当 UE 需要获取系统消息时,也可以发起随机接入。

三、接入失败原因

1. 终端不发起 RRC 接入

（1）检查小区的状态是否正常,看是否有硬件、射频类、小区类故障告警;排查小区发射功率是否正常。

（2）接入的小区需要保证小区正常建立,是否被禁止。

2. 随机接入失败

（1）小区时隙配比和时隙结构配置不正确，与周边站点产生干扰。

①时隙配比参数：NRDUCELL 中的参数 SlotAssignment。

②时隙结构参数：NRDUCELL 中的参数 SlotStructure。

（2）弱覆盖或干扰问题。

弱覆盖：可以通过终端侧检查小区 RSRP 或者 MR 中上报的 RSRP，判断是否为弱覆盖场景。

干扰：可以通过 RSRP 及 SINR，或者通过网管干扰监测，查看网络是否存在干扰。

3. RRC 建立失败

（1）弱覆盖或干扰问题。

（2）RRC 无响应。

①UE 没有收到 msg4（基站没有下发 msg4；UE 没有收到 msg4 的 DLGrant；UE 在 PDSCH 上解调 msg4 失败）。

②UE 没有发 msg5（UE 接收到 msg4 时，竞争解决定时器已经超时；基站没有收到 UE 发送的 SR；基站没有给 SR 调度；UE 没有收到 msg5 的 ULGrant）UE 发了 msg5，基站解调失败。

四、接入失败自动分析流程

本节针对接入失败引起的低速率问题介绍自动分析算法流程。

算法逻辑：针对质差路段涉的主服务小区进行一个 2 km 范围内的基站筛选（区域关联）；关联基站告警表，筛选出服务小区近一周的告警（时间关联）；将长期、多次出现的告警与问题路段关联，输出问题表，如图 6-79 所示。

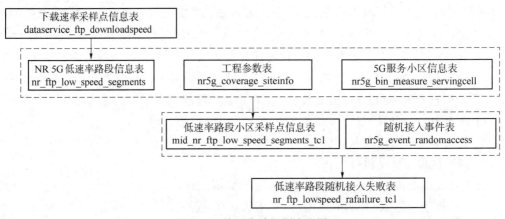

图 6-79　接入失败问题流程图

通过下载速率采样点信息表 dataservice_ftp_downloadspeed，获取速率采样点，形成 NR 5G 低速率路段信息表 nr_ftp_low_speed_segments；

通过工程参数表 nr5g_coverage_siteinfo 和 NR 5G 低速率路段信息表 nr_ftp_low_speed_segements、5G 采样点数据表 nr5g_bin_measure_servingcell，生成低速率路段小区采样点表 mid_nr_ftp_low_speed_segments。

通过低速率路段小区采样点表 mid_nr_ftp_low_speed_segments 和随机接入事件表 nr5g_

event_randomaccess 互相关联,最终生成低速率路段随机接入失败表 nr_ftp_lowspeed_rafailure,即完成了低速率中因为接入问题导致的故障点和相关信息的分析。

五、接入失败自动分析算法开发

本章节重点介绍算法开发的门限、算法说明以及算法生成的新表、字段,让学生掌握算法开发涉及的算法、表、字段,主要对中间表和结果表进行说明。

1. nr_ftp_low_speed_segments(NR 5G 低速率路段信息表)

(1) 表说明

NR 5G 低速率路段信息表 nr_ftp_low_speed_segments,根据低速率门限将所有符合条件的采样点筛选出来并汇聚成问题路段,如表 6-10 所示。

表 6-10　低速率路段信息字段说明表

字 段 名	字符类型	说　　明
dataid	bigint	数据 id
logdate	date	日期
timestamp	timestamp	时间戳
longitude	double	经度
latitude	double	纬度
gridx	int	栅格坐标 x
gridy	int	栅格坐标 y
segmentid	int	Segment 编号
startts	timestamp	开始时间
startlon	double	开始经度
startlat	double	开始维度
duration	int	时长
distance	float	距离
avgthroughput	float	平均流量
cellchangednum	int	小区变化数量
endts	timestamp	结束时间
endlon	double	结束经度
endlat	double	结束维度

(2) 输入表

下载速率采样点信息表:dataservice_ftp_downloadspeed。

通过 python 算法,对下载速率采样点信息表 dataservice_ftp_downloadspeed 的所有采样点的速率进行分析,形成低速率路段信息。

(3) 算法说明

1) 低速率采样点的判断算法:

速率采样点:ftp_dl_speed≤100M。

2) 路段聚合算法:

①低速率采样点比例≥50%;

②持续时长≤3 s；

③路段长度≥50 m。

2. nr_ftp_lowspeed_rafailure（低速率路段随机接入失败表）

（1）表说明

低速率路段随机接入失败表 nr_ftp_lowspeed_rafailure 记录了问题路段中接入失败的小区信息、基站信息等，如表 6-11 所示。

表 6-11　低速率路段随机接入失败表字段说明

字　段　名	字符类型	说明
dataid	bigint	数据 ID
segmentid	bigint	路段 ID
startts	timestamp	路段起点时间戳
endts	timestamp	路段终点时间戳
timestamp	timestamp	记录时间戳
longitude	double	经度
latitude	double	纬度
cellindex	bigint	小区索引号
cellname	string	小区名称
result	String	接入结果
delay	int	延时
fail_cnt	int	失败次数

（2）输入表

输入表包括低速率路段详表：mid_nr_ftp_low_speed_segments。

随机接入事件详表：nr5g_event_randomaccess。

（3）算法说明

通过 cellindex 关联 mid_nr_ftp_low_speed_segment 和 nr5g_event_randomaccess，输出低速率路段中因为接入失败的采样点、路段。

【任务实施】

接入失败自动分析实验流程如图 6-80 所示。

图 6-80　接入失败自动分析实验流程

一、项目初始化

登录可视化开发平台,新建项目后单击应用开发,新建一个功能。

- 步骤 1.1 新建目录。

在任务 6.2 中创建的项目上,右键单击应用开发,新建目录,名称为"connect_fail",如图 6-81 所示。

图 6-81　新建目录

二、低速率路段小区采样点信息分析表

- 步骤 2.1 新建 Spark 表。

拖拽 Spark 图标生成数据表,库名为"education_tc",表名为"mid_nr_ftp_low_speed_seg-ments_tc1",版本号为空,伴生算法选"否"。

- 步骤 2.2 添加 DDL 语句。

用代码 6-7 所示 DDL 建表语句定义字段和字段类型,字段名称和字段类型要和输入的数据表必须一一匹配。

```
代码6-7　创建低速率路段表 mid_nr_ftp_low_speed_segments_tc1
1 -- 用于创建新的表
2 CREATE TABLE education_tc.mid_nr_ftp_low_speed_segments_tc1 (
3  dataid bigint comment ' 数据 ID'
4  logdate date comment ' 日期'
5  segmentid int comment ' 路段 ID'
6  timestamp timestamp comment ' 记录时间戳'
7  startts timestamp comment ' 路段起点时间戳'
8  endts timestamp comment ' 路段终点时间戳'
9  duration int comment ' 时长'
10  distance int comment ' 距离'
11  sample int comment ' 路段采样点的总数量'
12  avgthroughput double comment ' 平均流量'
13  longitude double comment ' 经度'
14  latitude double comment ' 纬度'
15  rsrp double comment ' 信号接收功率'
16  sinr double comment ' 信噪比'
```

17	cellindex bigint comment '小区索引号'
18	pci int comment '物理小区标识'
19	siteid bigint comment '基站 ID'
20	sitename string comment '基站名称'
21	cellid int comment '小区 ID'
22	cellname string comment '小区名称'
23	azimuth int comment '方位角'
24	hbwd int comment '波瓣角'
25	s_lon double comment '服务小区经度'
26	s_lat double comment '服务小区纬度'
27	) PARTITIONED BY (input_date string, input_hour int); -- 对数据进行时间和日期分区

- 步骤 2.3 添加时间分区。

为表 mid_nr_ftp_low_speed_segments_tc1 添加时间分区,如图 6-82 所示。

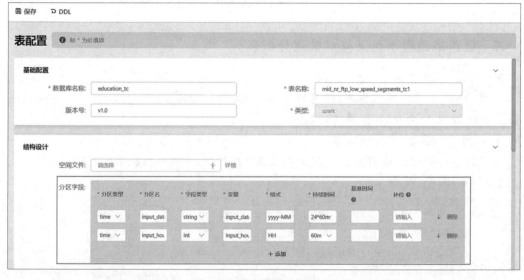

图 6-82　分区字段配置界面

- 步骤 2.4 上线 Spark 表。

将 Spark 表提交开发库并发布生产。

- 步骤 2.5 创建 SQL 算法。

新建一个 Spark-SQL 算法,名称为"mid_nr_ftp_low_speed_segments_tc1"。

- 步骤 2.6 编写 SQL 算法代码。

双击画布中的算法,编写低速率路段的 SQL 代码,如代码 6-8 所示。

代码 6-8　创建低速率路段小区采样点信息表 mid_nr_ftp_low_speed_segments_tc1

```
1 -- 低速率临时表
2 drop table if exists temp_nr_ftp_low_speed_segments_t0; -- 若数据库中存在该表,则删除。
3 cache table temp_nr_ftp_low_speed_segments_t0 as -- 缓存表 nr_ftp_low_speed_segments_t0
```

```
 4  select
 5      dataid
 6      logdate
 7      segmentid
 8      startts
 9      endts
10      duration
11      distance
12      sample
13      avgthroughput
14  from education.nr_ftp_low_speed_segments -- 显示该表所选择的字段及数据
15  where input_date = '$ nr_ftp_low_speed_segments.input_date $'
16    and input_hour = $ nr_ftp_low_speed_segments.input_hour $
17  ; -- 提取满足指定条件的记录
18  -- 获取低速率路段详表 a 为低速率路段临时表 b 为 5G 服务小区信息临时表 c 为工参表
19  insert overwrite table education_tc.mid_nr_ftp_low_speed_segments_tc1 partition(input_date='$ nr_ftp_
low_speed_segments.input_date $',input_hour= $ nr_ftp_low_speed_segments.input_hour $ ) -- 先清空表中对应
分区的数据,再向表中对应分区插入数据
20  select
21      a.dataid, -- a 表 数据 ID
22      a.logdate, -- a 表 日期
23      a.segmentid, -- a 表 路段 ID
24      b.timestamp, -- b 表 记录时间戳
25      a.startts, -- a 表 路段起点时间戳
26      a.endts, -- a 表 路段终点时间戳
27      a.duration, -- a 表 时长
28      a.distance, -- a 表 距离
29      a.sample, -- a 表 路段采样点总数量
30      a.avgthroughput, -- a 表 平均流量
31      b.longitude, -- b 表 经度
32      b.latitude, -- b 表 纬度
33      b.rsrp, -- b 表 信号接收功率
34      b.sinr, -- b 表 信噪比
35      b.cellindex, -- b 表 小区索引号
36      b.pci, -- b 表 物理小区标识
37      c.siteid, -- c 表 基站 ID
38      c.sitename, -- c 表 基站名称
39      c.cellid, -- c 表 小区 ID
40      c.cellname, -- c 表 小区名称
41      c.azimuth, -- c 表 方位角
42      c.hbwd, -- c 表 波瓣角
43      c.longitude as s_lon, -- c 表 服务小区经度
44      c.latitude as s_lat -- c 表 服务小区纬度
45  from temp_nr_ftp_low_speed_segments_t0 a
```

46 left join education.nr5g_bin_measure_servingcell b on b.input_date = ' $ nr_ftp_low_speed_segments. input_date $' and b.input_hour = $ nr_ftp_low_speed_segments.input_hour $ and a.dataid=b.dataid and a.startts <=b.timestamp and a.endts>=b.timestamp

47 left join education.nr5g_coverage_siteinfo c on c.input_date = ' $ nr_ftp_low_speed_segments.input_date $' and c.input_hour = $ nr_ftp_low_speed_segments.input_hour $ and c.dataid=a.dataid and c.cellindex=b.cellindex

48 ;

- 步骤 2.7 对算法进行配置。

如前所述,单击"算法配置","驱动类型"选择"data","cron 配置"选择"小时"。在输入数据配置中选择中间表 nr_ftp_low_speed_segements 与原始表 nr5g_coverage_siteinfo、nr5g_ bin_measure_servingcell 作为数据节点进行关联,如图 6-83 所示。在输出配置中选择表 mid_ nr_ftp_low_speed_segments_tc1 作为数据节点,如图 6-84 所示。

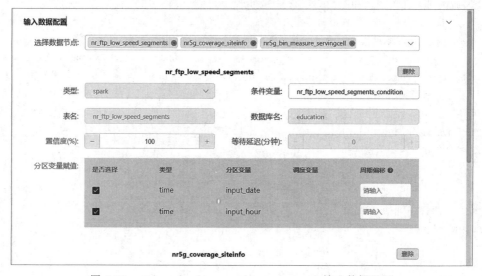

图 6-83　mid_nr_ftp_low_speed_segments_tc1 输入数据配置

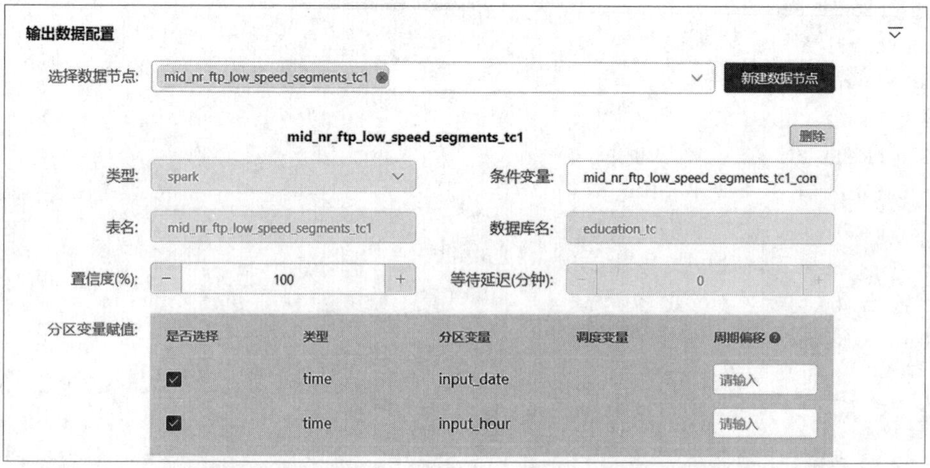

图 6-84　mid_nr_ftp_low_speed_segments_tc1 输出数据配置

- 步骤 2.8 对算法进行调试。

单击"调试",查看调试结果。

- 步骤 2.9 算法发布。

将所配置好的算法,提交发布生产库,勾选"是否重新生成已存在的任务",并且选择开始时间和结束时间为 2021-09-16。

- 步骤 2.10 添加 PG 数据库。

在开发平台"数据"中拖拽 PG 图标,新建 PG 表 mid_nr_ftp_low_speed_segments_tc1,同时勾选伴生算法。

图 6-85　新建 PG 表

- 步骤 2.11 连接 PG 表。

将 Spark 中间表连接至新建的 PG 表,如图 6-86 所示。

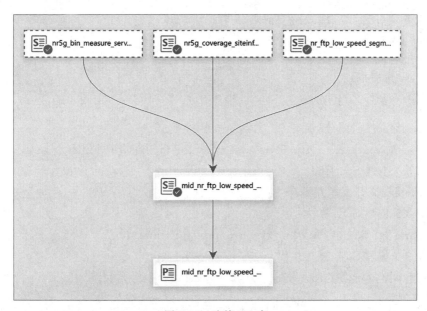

图 6-86　连接 PG 表

- 步骤 2.12 PG 算法配置。

单击"算法",为 PG 算法配置同步算法。选择默认的"数据去向","同步时是否覆盖"选择

"是",同步字段不要选分区字段。单击"算法配置","驱动类型"选择"data","cron 配置"选择"小时"。

- 步骤 2.13 PG 算法发布生产。

保存配置好的算法并进行发布生产,时间选择为 2021-09-16,勾选"是否重新生成已存在任务"。

三、低速率路段随机接入失败分析表

- 步骤 3.1 新建 Spark 表。

拖拽 Spark 图标生成数据表 nr_ftp_lowspeed_rafailure_tc1,版本号为空,不选伴生算法。

- 步骤 3.2 添加 DDL 语句。

编写 DDL 语句定义字段及字段类型,如代码 6-9 所示。

代码6-9　创建低速率随机接入失败表 nr_ftp_lowspeed_rafailure_tc1

```
1  -- 用于创建新的表
2  CREATE TABLE education_tc.nr_ftp_lowspeed_rafailure_tc1 (
3    dataid bigint comment ' 数据 ID'
4    segmentid bigint comment ' 路段 ID'
5    startts timestamp comment ' 路段起点时间戳'
6    endts timestamp comment ' 路段起点时间戳'
7    timestamp timestamp comment ' 记录时间戳'
8    longitude double comment ' 经度'
9    latitude double comment ' 纬度'
10   cellindex bigint comment ' 小区索引号'
11   cellname string comment ' 小区名称'
12   result string comment ' 接入结果'
13   delay int comment ' 延时'
14   fail_cnt int comment ' 失败次数'
15  ) PARTITIONED BY (input_date string, input_hour int); -- 对数据进行时间和日期分区
```

- 步骤 3.3 添加时间分区。

如前所述,为 Spark 表 nr_ftp_lowspeed_rafailure_tc1 添加时间分区。

- 步骤 3.4 上线 Spark 表。

将 Spark 表提交开发库并发布生产。

- 步骤 3.5 创建 SQL 算法。

新建 Spark-Sql 算法,名称为"nr_ftp_lowspeed_rafailure_tc1"。

- 步骤 3.6 编写 SQL 算法代码。

编写低速率路段随机接入失败的 SQL 代码,如代码 6-10 所示。

代码6-10　算法生产低速率路段随机接入失败结果表 nr_ftp_lowspeed_rafailure_tc1

```
1  -- 临时低速率路段详表
2  drop table if exists temp_mid_nr_ftp_low_speed_segments_t0;
3  cache table temp_mid_nr_ftp_low_speed_segments_t0 as -- 缓存表
```

```
4   select
5       dataid,-- 数据流 ID
6       logdate,-- 数据日期
7       timestamp,-- 记录时间戳
8       segmentid,-- 路段 ID
9       startts,-- 路段起点时间戳
10      endts,-- 路段终点时间戳
11      duration,-- 路段持续总长
12      distance,-- 路段总长度
13      sample,-- 路段采样点数量
14      cellindex,-- 小区索引号
15      cellname -- 小区名称
16  from education_tc.mid_nr_ftp_low_speed_segments_tc1-- 显示 mid_nr_ftp_low_speed_segments_tc1 这
```
个表的所有字段及数据
```
17  where input_date='$ mid_nr_ftp_low_speed_segments_tc1.input_date $'
18   and input_hour= $ mid_nr_ftp_low_speed_segments_tc1.input_hour $
19  ;-- 用于提取满足指定条件的记录
20  -- 临时的接入事件详表
21  drop table if exists temp_nr5g_event_randomaccess_t0;
22  cache table temp_nr5g_event_randomaccess_t0 as
23  select  *
24  from education.nr5g_event_randomaccess
25  where input_date='$ mid_nr_ftp_low_speed_segments_tc1.input_date $'
26   and input_hour= $ mid_nr_ftp_low_speed_segments_tc1.input_hour $
27  ;
28  drop table if exists temp_nr_ftp_low_speed_segments_t1;
29  cache table temp_nr_ftp_low_speed_segments_t1 as
30  select
31      a.dataid,-- 数据 ID
32      a.segmentid,-- 路段 ID
33      b.timestamp,-- 记录时间戳
34      b.longitude,-- 经度
35      b.latitude,-- 纬度
36      case when b.result=1 then '失败' else '成功' end as result,-- 对条件进行判断,做出相应的操作
37      a.startts,-- 路段起点时间戳
38      a.endts,-- 路段终点时间戳
39      a.cellindex,-- 小区索引号
40      a.cellname,-- 小区名称
41      b.delay,-- 延时
42      sum(1)over(partition by a.dataid,a.segmentid) as fail_cnt -- SUM 函数是一个聚合函数,over 是一个开
```
窗函数,聚集函数可以结合开窗函数使用,它返回所有或不同值的总和。以 dataid,segmentid 为分组,求记
录数总和
```
43  from temp_mid_nr_ftp_low_speed_segments_t0 a
```

```
44  left join temp_nr5g_event_randomaccess_t0 b on a.dataid = b.dataid and unix_timestamp(b.timestamp)=
unix_timestamp(a.timestamp)
45  ;
46  insert overwrite table education_tc.nr_ftp_lowspeed_rafailure_tc partition(input_date='$ mid_nr_ftp_low_
speed_segments_tc1.input_date $',input_hour= $ mid_nr_ftp_low_speed_segments_tc1.input_hour $ )-- 先清空表中
对应分区的数据,再向表中对应分区插入数据
47  select
48      dataid,-- 数据 ID
49      segmentid,-- 路段 ID
50      starts,-- 路段起点时间戳
51      endts,-- 路段终点时间戳
52      timestamp,-- 记录时间戳
53      longitude,-- 经度
54      latitude,-- 纬度
55      cellindex,-- 小区索引号
56      cellname,-- 小区名称
57      result,-- 接入结果
58      delay,-- 延时
59      fail_cnt -- 失败次数
60  from temp_nr_ftp_low_speed_segments_t1
61  where fail_cnt>=3
62  ; -- 用于提取满足指定条件的记录
```

- 步骤 3.7 对算法进行配置。

单击"算法配置","驱动类型"选择"data","cron 配置"选择"小时"。在输入数据配置中选择中间表 mid_nr_ftp_low_speed_segments_tc1 与原始表 nr5g_event_randomaccess 作为数据节点进行关联。在输出配置中选择表 nr_ftp_lowspeed_rafailure_tc 作为数据节点。

- 步骤 3.8 对算法进行调试。

单击"调试",查看调试结果。

- 步骤 3.9 算法发布。

将所配置好的算法,提交发布生产库,勾选"是否重新生成已存在的任务",并且选择开始时间和结束时间为 2021-09-16。

- 步骤 3.10 添加 PG 数据库。

在开发平台上单击"数据",拖拽 PG 图标新建 PG 表,库名与结果表保持一致,表名为"nr_ftp_lowspeed_rafailure_tc1",同时勾选伴生算法。

- 步骤 3.11 连接 PG 表。

将中间表连接至新建的 PG 表,如图 6-87 所示。

- 步骤 3.12 PG 算法配置。

单击"算法",为 PG 算法配置同步算法。选择默认的"数据去向","同步时是否覆盖"选择"是",同步字段不要选分区字段。单击"算法配置","驱动类型"选择"data","cron 配置"选择"小时"。

- 步骤 3.13 PG 算法发布生产。

保存配置好的算法并进行发布生产,配置参数如前所述。

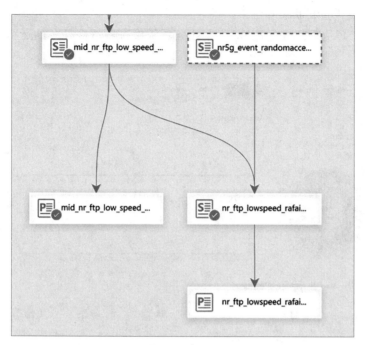

图 6-87　连接 PG 表

四、结果查看

表的数据架构如图 6-88 所示。

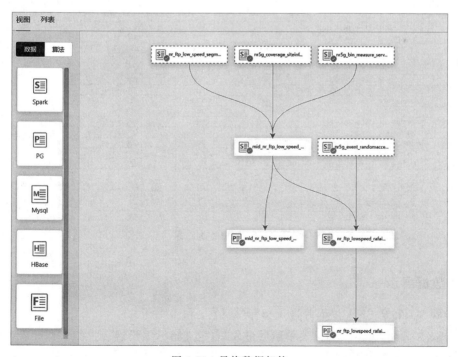

图 6-88　最终数据架构

- 步骤 4.1 查看运行状态和结果。

算法发布生产环境进行数据清洗后,在任务看板中查看清洗任务的运行状态和结果,如图 6-89 所示。

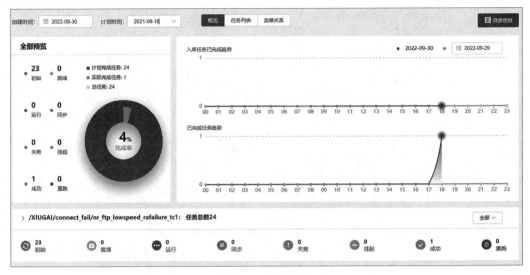

图 6-89　任务看板

- 步骤 4.2 查询结果表数据。

查询数据是否成功清洗至结果表中,结果如图 6-90 所示。

dataid	segmentid	startts	endts	timestamp	longitude	latitude	cellindex	cellname	result	delay	fail_cnt	input_date	input_hour
2	1	1594011960823	1594011963822				7414		成功		3	2021-09-16	15
2	1	1594011960823	1594011963822				7414		成功		3	2021-09-16	15
2	1	1594011960823	1594011963822	1594011963768	116.38876	39.96209	7414		成功	7	3	2021-09-16	15
2	2	1594012137508	1594012142510	1594012142578	116.40152	39.96258	2324		成功	12	5	2021-09-16	15
2	2	1594012137508	1594012142510				16269		成功		5	2021-09-16	15
2	2	1594012137508	1594012142510				16269		成功		5	2021-09-16	15
2	2	1594012137508	1594012142510				16269		成功		5	2021-09-16	15
2	2	1594012137508	1594012142510				16269		成功		5	2021-09-16	15
2	3	1594012196517	1594012200518				6188		成功		4	2021-09-16	15
2	3	1594012196517	1594012200518				6188		成功		4	2021-09-16	15
2	3	1594012196517	1594012200518				6188		成功		4	2021-09-16	15
2	3	1594012196517	1594012200518				6188		成功		4	2021-09-16	15
2	5	1594012507831	1594012512423	1594012508940	116.37848	39.94767	7260		成功	35	6	2021-09-16	15
2	5	1594012507831	1594012512423	1594012509050	116.37848	39.94767	7260		成功	97	6	2021-09-16	15
2	5	1594012507831	1594012512423	1594012510755	116.37817	39.94767	7260		成功	118	6	2021-09-16	15
2	5	1594012507831	1594012512423	1594012510625	116.37832	39.94767	7260		成功	35	6	2021-09-16	15
2	5	1594012507831	1594012512423				7260		成功		6	2021-09-16	15
2	5	1594012507831	1594012512423	1594012512481	116.37801	39.94766	26411		成功	7	6	2021-09-16	15
2	6	1594012967467	1594012971468				3709		成功		4	2021-09-16	15

图 6-90　数据查询结果

五、数据展示

- 步骤 5.1 登录 SKA 界面并进入指标编辑器。

登录 SKA 界面,单击"工具"菜单然后进入"自定义指标编辑器"。

- 步骤 5.2 连接 PG 库。

在自定义指标编辑器中,右键单击"connection","添加连接"对应的类型为"Postgresgl"连接。

- 步骤 5.3 设置 PG 连接参数。

在弹出的对话框中设置连接的 PG 数据库参数，包括 User Name、Password、IP、端口和数据库名等，如图 6-91 所示。

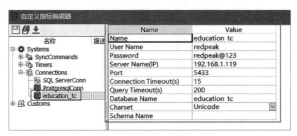

图 6-91 PG 库连接配置

- 步骤 5.4 连接 PG 库。

右键单击所添加的连接，单击"连接"按钮。连接成功界面如图 6-92 所示。

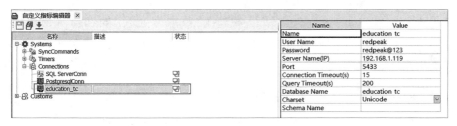

图 6-92 连接 PG 库

- 步骤 5.5 编辑、查询中间表数据。

在"Customs"目录下选择"公用信息"，选择"LTE"部分，单击"低速率问题路段信息表"。在"数据库连接"处选择所创建的连接，将"from"后面的表名改为中间表的表名 mid_nr_ftp_low_speed_segments_tc1，如图 6-93 所示。单击"预览配置"，查询结果如图 6-94 所示。

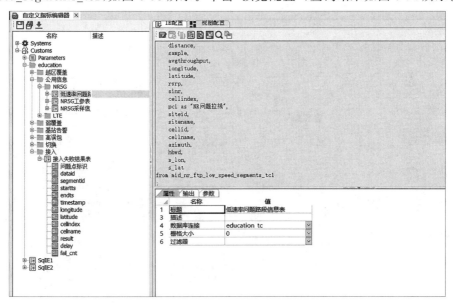

图 6-93 在 SKA 上查询中间表

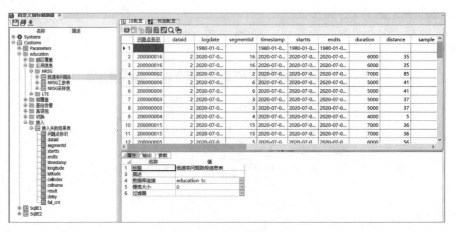

图 6-94　中间表数据

• 步骤 5.6 编辑、查询结果表数据。

选择"接入"部分，单击"接入失败结果表"，在"数据库连接"处选择所创建的连接，将"from"后面的表名改为结果表的表名 nr_ftp_lowspeed_rafailure_tc1，如图 6-95 所示。"预览配置"的结果如图 6-96 所示。

图 6-95　在 SKA 上查询结果表

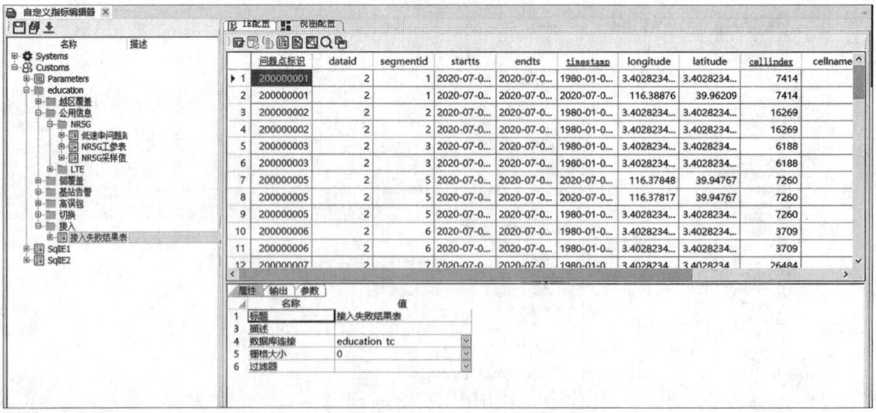

图 6-96　接入失败结果表数据

- 步骤 5.7 图形呈现。

将红色框选内容拖入右边界面,接入失败图形结果示例如图 6-97 所示。

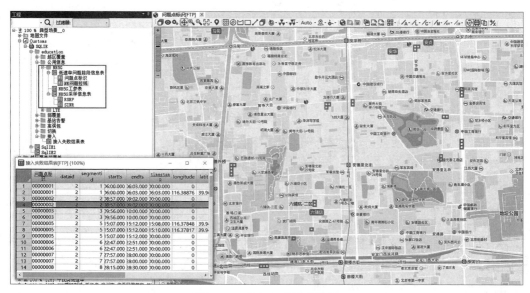

图 6-97　接入失败图形结果

【任务拓展】

思考一下,接入失败的原因与切换失败的原因有什么相同与不同?

【任务测验】

1. 以下选项中不属于接入失败的原因是什么?(　　)

A. 终端不发起 RRC 接入　　　　　　B. 天线高度

C. RRC 建立失败　　　　　　　　　　D. 上下文建立失败

2. 以下选项中哪一项为 fail_cnt 字段含义?(　　)

A. 延时　　　　　B. 小区索引号　　　　C. 失败次数　　　　D. 接入结果

答案:1. B;2. C。

项目 7 云—云服务开发

任务 7.1 语音通知

【任务描述】

本任务以通信云为依托，旨在完成语音通知的实现。通过此任务，可以加深对通信云服务、语音通知系统流程等知识的认识，掌握利用 Java 编程语句开发语音通知的方法。

【任务准备】

完成本任务，需要做以下知识准备：

(1) 了解通信云服务基础知识；

(2) 了解语音通知的系统处理流程；

(3) 了解 Java 程序语句。

一、通信云服务知识简介

云服务基本类型如下。

(1) IaaS 应用

IaaS(Infrastructure as a Service)，即基础设施即服务，就是消费者通过 Internet 可以从完善的计算机基础设施获得的服务。基于 Internet 的服务(如存储和数据库)是 IaaS 的一部分。

IaaS 分为公共和私有两种用法。Amazon EC2 在基础设施云中使用公共服务器池。更加私有化的服务会使用企业内部数据中心的一组公用或私有服务器池。如果在企业数据中心环境中开发软件，那么这两种类型都能使用，而且使用 EC2 临时扩展资源的成本也很低。将两者结合使用可以更快地开发应用程序和服务，缩短开发和测试周期。

(2) PaaS 应用

PaaS 是(Platform as a Service)的缩写，是指平台即服务。云计算时代，把相应的服务器平台或者开发环境作为服务进行提供就成了 PaaS。

PaaS 能将现有各种业务能力进行整合，具体可以归类为应用服务器、业务能力接入、业务引擎、业务开放平台，向下根据业务能力需要测算基础服务能力，通过 IaaS 提供的应用程序编程接口(Application Programming Interface，API)调用硬件资源，向上提供业务调度中心服务，实时监控平台的各种资源，并将这些资源通过 API 开放给 SaaS(Software-as-a-Service)用户。PaaS 主要具备以下三个特点。

平台即服务：PaaS 所提供的服务与其他服务最根本的区别是——PaaS 提供的是一个基础平台，而不是某种应用。在传统的观念中，平台是向外提供服务的基础。一般来说，平台作为应用系统部署的基础，是由应用服务提供商搭建和维护的，而 PaaS 颠覆了这种概念，由专门的平台服务提供商搭建和运营该基础平台，并将该平台以服务的方式提供给应用系统运营商。

平台及服务：PaaS 运营商所需提供的服务，不仅仅是单纯的基础平台，而且包括针对该平台的技术支持服务，甚至针对该平台而进行的应用系统开发、优化等服务。PaaS 的运营商最了解他们所运营的基础平台，所以由 PaaS 运营商所提出的对应用系统优化和改进的建议也非常重要。

平台级服务：PaaS 运营商对外提供的服务不同于其他的服务，这种服务的背后是强大而稳定的基础运营平台，以及专业的技术支持队伍。这种"平台级"服务能够保证支撑 SaaS 或其他软件服务提供商各种应用系统长时间、稳定地运行。PaaS 的实质是将互联网的资源服务化为可编程接口，为第三方开发者提供有商业价值的资源和服务平台。

（3）SaaS 应用

SaaS，是 Software-as-a-Service 的缩写名称，意思为软件即服务，即通过网络提供软件服务。SaaS 平台供应商将应用软件统一部署在自己的服务器上，客户可以根据工作实际需求，通过互联网向厂商定购所需的应用软件服务，按定购的服务多少和时间长短向厂商支付费用，并通过互联网获得 Saas 平台供应商提供的服务。

SaaS 应用软件有免费、付费和增值三种模式。付费通常为"全包"费用，囊括了通常的应用软件许可证费、软件维护费以及技术支持费，将其统一为每个用户的月度租用费。

SaaS 具备以下四种特性：

1）互联网特性

一方面，SaaS 服务通过互联网浏览器或 Web Services/Web 2.0 程序连接的形式为用户提供服务，使得 SaaS 应用具备了典型互联网技术特点；另一方面，由于 SaaS 极大地缩短了用户与 SaaS 提供商之间的时空距离，从而使得 SaaS 服务的营销、交付与传统软件相比有着很大的不同。

2）多重租赁（Multi-tenancy）特性

SaaS 服务通常基于一套标准软件系统为成百上千的不同客户（又称为租户）提供服务。这要求 SaaS 服务能够支持不同租户之间数据和配置的隔离，从而保证每个租户数据的安全与隐私，以及用户对诸如界面、业务逻辑、数据结构等的个性化需求。

3）服务（Service）特性

SaaS 使软件以互联网为载体的服务形式被客户使用，所以很多服务合约的签订、服务使用的计量、在线服务质量的保证和服务费用的收取等问题都必须加以考虑。而这些问题通常是传统软件没有考虑到的。

4）可扩展（Scalable）特性

可扩展性意味着最大限度地提高系统的并发性，更有效地使用系统资源。比如应用：优化资源锁的持久性，使用无状态的进程，使用资源池来共享线和数据库连接等关键资源，缓存参考数据，为大型数据库分区。

二、语音通知系统流程

如图 7-1 所示,语音通知流程可以分解为 7 个步骤:

(1) 单击"发送"语音通知;

(2) 前端检查用户输入的手机号码是否符合规则;

(3) 请求后台传递参数;

(4) 组装模板参数;

(5) 发送语音通知;

(6) 通过返回消息判断发送是否成功;

(7) 返回发送成功消息或者返回发送失败消息。

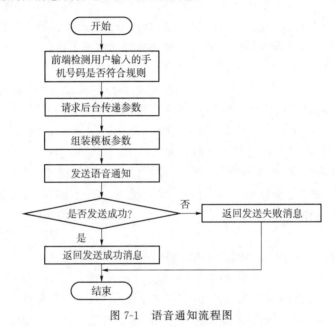

图 7-1　语音通知流程图

三、Java 语句 JSON 序列化

1. JSON 的定义

JSON 的全称是 JavaScript Object Notation,即 JavaScript 对象标记法。它是一种轻量级(Light-Meight)、基于文本的(Text-Based)、可读的(Human-Readable)格式。JSON 的名称中虽然带有 JavaScript,但这是指其语法规则是参考 JavaScript 对象的,而不是指只能用于 JavaScript 语言。JSON 无论对于人,还是对于机器来说,都是十分便于阅读和书写的,而且相比 XML(另一种常见的数据交换格式),文件更小,因此迅速成为网络上十分流行的交换格式。

2. JSON 的语法规则

JSON 的语法规则简单,总结起来有:数组(Array)用方括号("[ ]")表示;对象(Object)用大括号（"{ }"）表示；名称/值（name/value）组合成数组和对象；名称（name）置于双引号中，值（value）有字符串、数值、布尔值、null、对象和数组；并列的数据之间用逗号（","）分隔，如代码 7-1 所示。

代码 7-1 JSON 语法规则示例

```
1  {
2  "name": "xdr630",
3  "favorite": "programming"
4  }
```

---

3. JSON 的解析和生成

JSON 的解析和生成即为 JSON 和 JS 对象互相转换。在 JavaScript 中，有两个相关的方法：JSON.parse 和 JSON.stringify。

实现从 JSON 字符串转换为 JS 对象，需要使用 JSON.parse( )方法，如代码 7-2 所示。

代码 7-2 JSON.parse( )方法实现 JSON 字符串向 JS 对象的转换

```
1  <script>
2  var str = ' {"name": "张三","age":22}' ;
3  var obj = JSON.parse(str);
4  console.log(obj);
5  </script>
6  {name:"张三",age:22}
```

反之，实现从 JS 对象转换为 JSON 字符串，则需要使用 JSON.stringify( )方法，如代码 7-3 所示。

代码 7-3 JSON.stringify( )方法实现 JS 对象向 JSON 字符串的转换

```
1  <script>
2  var str = ' {"name": "张三","age":22}' ;
3  var obj = JSON.parse(str);
4  console.log(obj);
5  var jsonstr = JSON.stringify(obj);
6  console.log(jsonstr);
7  </script>
8  {name:"张三",age:22}
9  {"name":"张三","age":22}
```

---

4. Gson 的常用方法

Gson 是 Google 的一个开源项目，可以将 Java 对象转换成 JSON，也能将 JSON 转换成 Java 对象。toJson( )和 fromJson( )是 Gson 的两个常用方法。toJson( )的作用是把字符串转成 JSON 形式，fromJson 则是把 JSON 形式转成字符串形式，如代码 7-4 所示。

代码 7-4　Gson 常用方法示例

```
1   Map<String, String> map = new HashMap<>( );
2   map.put("name", "小牧");
3   map.put("age", "23");
4   map.put("hobby", "游戏");
5   String json = new Gson( ).toJson(map);
6   System.out.print(json);
```

打印结果

```
1   {"name":"小牧","age":"23","hobby":"游戏"}
```

四、Set 接口

1. Set 接口简介

Set 接口继承于 Collection 接口。它与 Collection 接口中的方法基本一致,并没有对 Collection 接口进行功能上的扩充,只是比 Collection 接口更加严格了。Set 接口中的元素是无序的,并且以某种规则保证存入的元素不会出现重复。

Set 接口主要有两个实现类,分别是 HashSet 和 TreeSet。其中,HashSet 根据对象的哈希值来确定元素在集合中的存储位置,因此具有良好的存取和查找性能。TreeSet 则是以二叉树的方式来存储元素,它可以实现对集合中的元素进行排序。

2. HashSet 集合

HashSet 是 Set 接口的一个实现类,它所存储的元素是不可重复的,并且元素都是无序的。当向 HashSet 集合中添加一个对象时,首先会调用该对象的 hashCode( )方法来计算对象的哈希值,从而确定元素的存储位置。如果此时哈希值相同,再调用对象的 equals( )方法来确保该位置没有重复元素。本节通过以下案例来展示 HashSet 集合的用法,如代码 7-5 所示。

代码 7-5　HashSet 集合应用案例

```
1    import java.util. * ;
2    public class Example01 {
3    public static void main(String[] args){
4    HashSet set = new HashSet( );        //创建 HashSet 集合
5      set.add("Jack");                    //向该 Set 集合中添加字符串
6      set.add("Eve");
7      set.add("Rose");
8      set.add("Rose");                    //向该 Set 集合中添加重复元素
9      Iterator it = set.iterator( );      //获取 Iterator 对象
10     while(it.hasNext( )){               //通过 while 循环,判断集合中是否有元素
11       Object obj = it.next( );
12       System.out.println(obj);
13     }
14   }
15 }
```

运行结果如图 7-2 所示。

```
Jack
Rose
Eve
```

图 7-2　代码 7-5 运行结果

在代码 7-5 中，首先通过 add( )方法向 HashSet 集合依次添加了 4 个字符串，然后通过 Iterator 迭代器遍历所有的元素并输出。从打印结果可以看出，取出元素的顺序与添加元素的顺序并不一致，并且重复存入的字符串对象"Rose"被去除了，只添加了一次。

HashSet 集合之所以能确保不出现重复的元素，是因为它在存入元素时做了很多工作。当调用 HashSet 集合的 add( )方法存入元素时，首先调用当前存入对象的 hashCode( )方法获得对象的哈希值，然后根据对象的哈希值计算出一个存储位置。如果该位置上没有元素，则直接将元素存入，如果该位置上有元素存在，则会调用 equals( )方法让当前存入的元素依次和该位置上的元素进行比较。如果返回的结果为 false 就将该元素存入集合，返回的结果为 true 则说明有重复元素，就将该元素舍弃。整个存储的流程如图 7-3 所示。

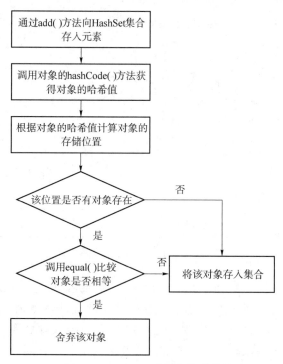

图 7-3　HashSet 对象存储过程

根据前面的分析不难看出，当向集合中存入元素时，为了保证 HashSet 正常工作，要求在存入对象时，重写 Object 类中的 hashCode( )和 equals( )方法。代码中将字符串存入 HashSet 时，String 类已经重写了 hashCode( )和 equals( )方法。但是如果将 Student 对象存入 HashSet，结果又如何呢？接下来通过以下案例来进行演示，如代码 7-6 所示。

代码 7-6 将 Student 对象存入 HashSet 应用案例 1

```
1 import java.util. * ;
2 class Student {
3  String id;
4  String name;
5  public Student(String id,String name){          //创建构造方法
6   this.id＝id;
7   this.name = name;
8  }
9  public String toString( ) {                      //重写 toString( )方法
10   return id+":"+name;
11   }
12 }
13 public class Example02 {
14  public static void main(String[ ] args){
15    HashSet hs = new HashSet( );                  //创建 HashSet 集合
16    Student stul = new Student("1", "Jack");       //创建 Stude 对象
17    Student stu2 = new Student("2", "Rose");
18    Student stu3 = new Student("2", "Rose");
19    hs.add(stul);
20    hs.add(stu2);
21    hs.add(stu3);
22    System.out.println(hs);
23  }
24 }
```

运行结果如图 7-4 所示。

```
[2：Rose, 1：Jack, 2：Rose]
```

图 7-4 代码 7-6 运行结果

在此代码中，向 HashSet 集合存入 3 个 Student 对象，并将这 3 个对象迭代输出。图 7-4 所示的运行结果中出现了两个相同的学生信息"2：Rose"，这样的学生信息应该被视为重复元素，不允许同时出现在 HashSet 集合中。之所以没有去掉这样的重复元素，是因为在定义 Student 类时没有重写 hashCode( )和 equals( )方法。接下来针对这代码中的 Student 类进行改写，假设 id 相同的学生就是同一个学生，如代码 7-7 所示。

代码 7-7 将 Student 对象存入 HashSet 应用案例 2

```
1 import java.util. * ;
2 class Student {
3  private String id;
4  private String name;
```

```
5    public Student(String id, String name){
6        this.id = id;
7        this.name = name;
8    }
9    //重写 toString( ){
10   public String tostring ( ){
11       return id + ":" + name;
12   }
13   //重写 hashcode 方法
14   public int hashCode( ){
15   return id.hashCode( );                    //返回 id 属性的哈希值
16   }
17   //重写 equals 方法
18   public boolean equals(Object obj) {
19   if (this == obj ){                        //判断是否是同一个对象
20   return true;                              //如果是,直接返回 true
21   }
22   if (!(obj instanceof Student)){           //判断对象是为 Student 类型
23       return false;                         //如果对象不是 Student 类型,返回 false
24   }
25   Student stu = (Student) obj;              //将对象强转为 Student 类型
26   boolean b = this.id.equals(stu.id);       //判断 id 值是否相同
27   return b;                                 //返回判断结果
28   }
29 }
30   public class Example03
31   public static void main(String[ ] args){
32   HashSet hs = new HashSet( );              //创建 HashSet 对象
33   Student stu1 = new Student("1","Jack");   //创建 Student 对象
34   Student stu2 = new Student("2", "Rose");
35   Student stu3 = new Student("2", "Rose");
36   hs.add(stul);                             //向集合存入对象
37   hs.add(stu2);
38   hs.add(stu3);
39   System.out.println (hs );                 //打印集合中的元素
40   }
41  }
```

运行结果如图 7-5 所示。

```
[2: Rose, 1: Jack]
```

图 7-5　代码 7-7 运行结果

在此代码中,Student 类重写了 Object 类的 hashCode( )和 equals( )方法。在 hashCode( )方法中返回 id 属性的哈希值,在 equals( )方法中比较对象的 id 属性是否相等,并返回结果。当调用 HashSet 集合的 add( )方法添加 stu3 对象时,发现它的哈希值与 stu2 对象相同,而且 stu2.equals(stu3)返回值为 true。HashSet 集合认为两个对象相同,因此重复的 Student 对象被成功去除了。

【任务实施】

本任务首先通过平台操作来认识语音通知,再通过代码编程来实现语音通知的云服务功能。

一、语音通知平台操作实训

• 步骤 1.1 登录网页。

登录网页 http://172.18.18.253:8080/txy/index.html#/,输入用户名密码进行登录,单击"开发技能",选择"语音服务",如图 7-6 所示。

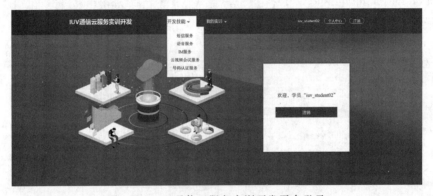

图 7-6　IUV 通信云服务实训开发平台登录

• 步骤 1.2 选择语音通知。

在"服务接入实践"的子菜单中选择"语音通知",单击"实践体验"按钮,如图 7-7 所示。

图 7-7　IUV 通信云服务实训开发平台实训任务选择

输入语音通知的课程名称、课程开始时间以及需要通知的手机号码,如图 7-8 所示。

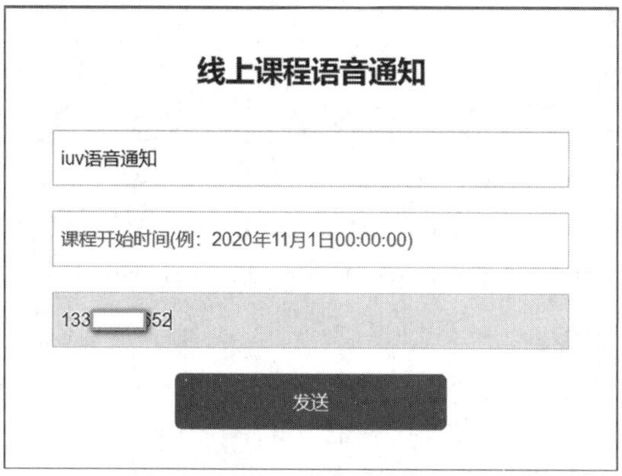

图 7-8　编辑语音通知内容

语音通知内容编辑完成后单击"发送"按钮。平台会显示"发送中"的提示,稍后会出现"语音通知发送成功"的提示消息,如图 7-9 所示。

- 步骤 1.3 成功发送语音通知。

语音通知成功发送后,被通知的手机将收到由号码 051886030083 发起的来电,如图 7-10 所示。语音通知的内容是"尊敬的 IUV 客户,您的线上配置课程将于 2022 年 11 月 1 日开始,请准时参加"。

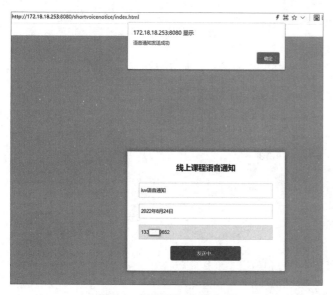

图 7-9　语音通知发送成功

图 7-10　接听语音通知

二、语音通知代码编程实训

本节对语音通知的部分功能进行编程实现。

- 步骤 2.1 组装模板参数。

组装模板参数是语音通知的关键步骤。实现该功能,主要考查如何向集合存入元素。可以用 put(Object key,Object value)和 get(Object key)方法分别用于向 Map 集合存入元素和取出元素,如代码 7-8 所示。

代码 7-8　组装模板参数
```
1 public Map<String, Object> pushVoiceNotice(String mobile, String courseName, String startTime) {
2 String sysCode = CommonOperateCode.SysCode.VOICE_NOTICE_SEND_SUCCESS;
3 String sysMsg = CommonOperateCode.SysMsg.VOICE_NOTICE_SEND_SUCCESS;
4     Map<String, Object> templateParamMap = new HashMap<>( );
5     /**
6      * 发送语音通知
7      */
8     /**
9      * TODO 语言通知问题一
10     * 组装模板参数,把 course,startTime 组装入模板参数;
11     * 例子:{"course":"5G 网络公开课","startTime":"2022 年 7 月 23 日"}
12     */
13 }
```

如代码 7-8 的注释所示,该部分需要进行模板参数的组装。需要增加的语句如下:

```
1    templateParamMap.put("course",coursename);
2    templateParamMap.put("startTime",starTime);
```

· 步骤 2.2 转换模板参数为字符串。

模板参数需要转化为字符串,需要用到 JSON 序列化的知识点。格式为“String 字符串名称 = gson.toJson(map 名称)”,需完善的程序如代码 7-9 所示。

代码 7-9　转换模板参数为字符串
```
1     Gson gson = null;
2     String templateParamJson = null;
3     /**
4      * TODO 语言通知问题二
5      * 把 templateParamMap 转成 json 字符串
6      * 提示:可以使用 Gson 类 来转换
7      */
8     /**
```

如代码 7-9 的注释所示,该部分需要完成 JSON 序列化的工作,对应语句如下:

```
1    String templateParamJson = gson.tojson(templateParamMap);
```

· 步骤 2.3 在控制台显示用户名。

本环节需要用到 for-each 循环,格式为 for(容器中元素类型 临时变量 容器变量){执行语句 }。同时,需要注意 HashSet 集合不可重复的特性。需完善的程序如代码 7-10 所示。

代码 7-10　在控制台显示用户名

```
1   public static void showUserName( ) {
2        //用户名
3        Set<String> sets = new HashSet<>( );
4        sets.add("test01");
5        sets.add("test01");
6        sets.add("test03");
7        sets.add("test04");
8        sets.add("test05");
9        sets.add("test04");
10       sets.add("test06");
11       sets.add("test06");
12       sets.add("test08");
13       sets.add("test09");
14       sets.add("test10");
15       /**
16        * TODO 语音通知问题三
17        * 把用户名 sets 内容显示在控制台
18        */
19   }
```

在注释内容后添加如下语句即可实现用户名的显示。

```
1   for (string UserName:sets){Sytem.out.println(UserName);}
```

【任务拓展】

思考一下,语音通知服务适合在哪些场景中使用?

【任务测验】

1. 通信云服务包含三种形式的产品服务,分别是_____、_____、_____。

2. JSON 是一种_____、基于文本的(Text-Based)、可读的(Human-Readable)格式。

3. Gson 里面有 2 个方法:_____ 和 _____。

4. Set 接口主要有两个实现类,分别是_____ 和 _____。

5. HashSet 是 Set 接口的一个实现类,它所存储的元素是不可_____,并且元素都是_____的。

任务 7.2　语音验证码

【任务描述】

本任务以通信云为依托,旨在实现语音验证码并进行用户密码的修改。通过此任务,可以加深对语音验证码的发送、验证和密码修改流程等知识的认识,掌握利用 Java 编程语句开发语音验证码的方法。

【任务准备】

完成本任务,需要做以下知识准备:

(1) 了解语音验证码的发送流程;

(2) 了解语音验证码的校验流程;

(3) 了解密码修改的处理流程。

在日常生活中,人们经常会遇到使用验证码的情况。比如,用户注册、安全登录、密码找回或修改、身份认证和支付认证的时候,人们经常会通过短信或者语音通知的形式来接收验证码信息。下面先通过一个"密码找回"的案例,来说明语音验证码的使用流程。

首先,在密码找回系统的界面上,输入手机号码。这个号码一般就是在注册系统时留下的关联号码。然后,单击"获取语音验证码"。此时,一般会有一段等待时间。而这个等待过程,就是系统在对语音信息进行组装和发送。稍后,就会接收到验证码的语音通知。取得验证码后,在平台上输入"验证码",单击"下一步"按钮。平台会对输入的验证码进行校验。验证无误后,才会进入"修改密码"的界面。在完成两次新密码的输入后,单击"确定"按钮。系统会根据输入的新密码完成密码的修改工作。

一、语音验证码发送流程

如图 7-11 所示,语音验证码发送流程包含 9 个步骤:

(1) 单击获取语音验证码;

(2) 前端检查用户输入的手机号码是否符合规则;

(3) 请求后台传递参数;

(4) 检查与上一次发送的时间间隔,是否可以发送;

(5) 将验证码备份到服务器端,为了输入验证码时进行校验;

(6) 组装模板参数;

(7) 发送语音验证码;

(8) 通过返回消息判断发送是否成功;

(9) 返回发送成功消息。

二、校验语音验证码流程

如图 7-12 所示,校验语音验证码包含 5 个步骤:

(1) 输入验证码;

(2) 前端检查用户是否输入验证码和手机号码;

(3) 传递到后端接口;

(4) 后端接口把收到的验证码与服务器中的比较;

(5) 返回验证通过。

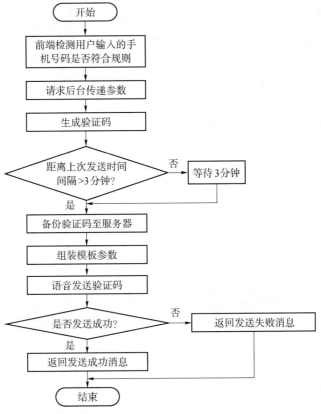

图 7-11 语音验证码发送流程

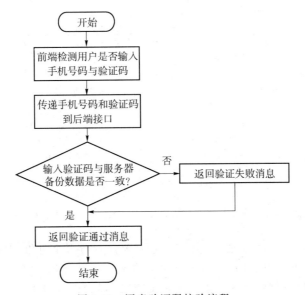

图 7-12 语音验证码校验流程

三、修改密码流程

如图 7-13 所示,修改密码流程可分为 6 个步骤:

(1) 输入新密码,单击"确定"按钮;

(2) 前端检查用户两次输入的密码是否一致,密码长度是否满足规则等;

(3) 传递到后端接口;

(4) 检查密码是否为空,确认密码是否一致;

(5) 修改密码;

(6) 返回密码修改成功。

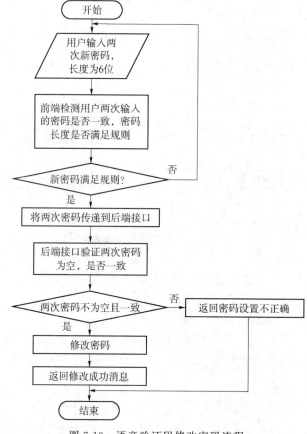

图 7-13　语音验证码修改密码流程

四、集合概述

　　前面的章节已经介绍过,在程序中可以通过数组来保存多个对象,但在某些情况下开发人员无法预先确定需要保存对象的个数,此时数组将不再适用,因为数组的长度不可变。例如,要保存一个学校的学生信息,由于不停有新生来报道,同时也有学生毕业离开学校,这时学生的数目就很难确定。为了在程序中可以保存这些数目不确定的对象,JDK 中提供了一系列特殊的类,这些类可以存储任意类型的对象,并且长度可变,在 Java 中这些类被统称为集合。集合类都位于 javautil 包中,在使用时一定要注意导包的问题,否则就会出现异常。

集合按照其存储结构可以分为两大类,即单列集合 Collection 和双列集合 Map。这两种集合具有如下特点:

(1) Collection:单列集合类的根接口,用于存储一系列符合某种规则的元素,它有两个重要的子接口,分别是 List 和 Set。其中,List 的特点是元素有序、可重复。Set 的特点是元素无序,而且不可重复。List 接口的主要实现类有 ArrayList 和 LinkedList,Set 接口的主要实现类有 HashSet 和 TreeSet。

(2) Map:双列集合类的根接口,用于存储具有键(Key)、值(Value)映射关系的元素,每个元素都包含一对键值,在使用 Map 集合时可以通过指定的 Key 找到对应的 Value,例如根据一个学生的学号就可以找到对应的学生。Map 接口的主要实现类有 HashMap 和 TreeMap。

从上面的描述可以看出 JDK 中提供了丰富的集合类库,为了便于初学者进行系统的学习,接下来通过一张图来描述整个集合类的继承体系,如图 7-14 所示。其中,虚线框里填写的都是接口类型,而实线框里填写的都是具体的实现类。

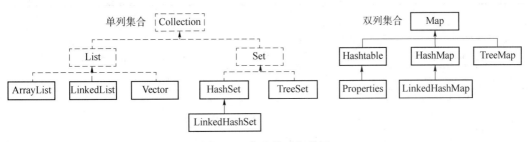

图 7-14 集合体系架构图

五、Collection 接口

Collection 是所有单列集合的父接口,因此在 Collection 中定义了单列集合(List 和 Set)通用的一些方法,这些方法可用于操作所有的单列集合,如表 7-1 所示。

表 7-1 Collection 接口方法说明表

方法声明	功能描述
boolean add(Object o)	向集合中添加一个元素
boolean addAll(Collection c)	将指定 Collection 中的所有元素添加到该集合中
void clear( )	删除该集合中的所有元素
boolean remove(Object o)	删除该集合中指定的元素
boolean removeAll(Collection c)	删除指定集合中的所有元素
boolean isEmpty( )	判断该集合是否为空
boolean contains(Object o)	判断该集合中是否包含某个元素
boolean containsAll(Collection c)	判断该集合中是否包含指定集合中的所有元素
Iterator iterator( )	返回在该集合的元素上进行迭代的迭代器(Iterator),用于遍历该集合所有元素
int size( )	获取该集合元素个数

表 7-1 中所列举的方法都来自 JavaAPI 文档,初学者可以通过查询 API 文档来学习这些方法的具体用法,此处列出这些方法,只是为了方便后面的学习。

六、List 接口

1. List 接口简介

List 接口继承自 Collection 接口,是单列集合的一个重要分支,习惯性地将实现了 List 接口的对象称为 List 集合。在 List 集合中允许出现重复的元素,所有的元素是以一种线性方式进行存储的,在程序中可以通过索引来访问集合中的指定元素。另外,List 集合还有一个特点就是元素有序,即元素的存入顺序和取出顺序一致。

List 作为 Collection 集合的子接口,不但继承了 Collection 接口中的全部方法,而且还增加了一些根据元素索引来操作集合的特有方法,如表 7-2 所示。

表 7-2　List 集合常用方法表

方法声明	功能描述
void add(int index,Object element)	将元素 element 插入在 List 集合的 index 处
boolean addAll(int index,Collection c)	将集合 c 所包含的所有元素插入到 List 集合的 index 处
Object get(int index)	返回集合索引 index 处的元素
Object remove(int index)	删除 index 索引处的元素
Object set(int index,Object element)	将索引 index 处元素替换成 element 对象,并将替换后的元素返回
int indexOf(Object o)	返回对象 o 在 List 集合中出现的位置索引
int lastlndexOf(Object o)	返回对象 o 在 List 集合中最后一次出现的位置索引
List subList(int fromlndex,int tolndex)	返回从索引 fromlndex(包括)到 tolndex(不包括)处所有元素集合组成的子集合

表 7-2 中列举了 List 集合中的常用方法,所有的 List 实现类都可以通过调用这些方法来对集合元素进行操作。

2. ArrayList 集合

ArrayList 是 List 接口的一个实现类,它是程序中最常见的一种集合。在 ArrayList 内部封装了一个长度可变的数组对象,当存入的元素超过数组长度时,ArrayList 会在内存中分配一个更大的数组来存储这些元素,因此可以将 ArrayList 集合看作一个长度可变的数组。

ArrayList 集合中大部分方法都是从父类 Collection 和 List 继承过来的,其中,add( )方法和 get( )方法用于实现元素的存取。接下来通过一个案例来学习 ArrayList 集合如何存取元素,如代码 7-11 所示。

代码 7-11　ArrayList 集合存取元素案例

```
1    import java.util. * ;
2    public class Example04 {
3        public static void main(String[ ] args){
```

```
4          ArrayList list = new ArrayList( );        //创建 ArrayList 集合
5          list.add("stul");                         //向集合中添加元素
6          list.add("stu2");
7          list.add("stu3");
8          list.add("stu4");
9          System.out.println("集合的长度：" +list.size( ));
10          System.out.println("第 2 个元素是："+list.get(1));
11      }
12  }
```

代码 7-11 的运行结果如图 7-15 所示。

```
集合的长度：4
第2个元素是：stu2
```

图 7-15　代码 7-11 的运行结果

此代码中，首先调用 add(Object o)方法向 ArrayList 集合中添加了 4 个元素，然后调用 size( )方法获取集合中的元素个数，最后通过调用 ArrayList 的 get(int index)方法取出指定索引位置的元素。从运行结果可以看出，索引位置为 1 的元素是集合中的第 2 个元素，这就说明集合和数组一样，索引的取值范围是从 0 开始的，最后一个索引是 size-1，在访问元素时一定要注意索引不可超出此范围，否则会抛出角标越界异常 IndexOutOfBoundsException。

由于 ArrayList 集合的底层是使用一个数组来保存元素的，在增加或删除指定位置的元素时，会导致创建新的数组，效率比较低，因此不适合做大量的增删操作。但这种数组的结构允许程序通过索引的方式来访问元素，因此使用 ArrayList 集合查找元素很便捷。

3. LinkedList 集合

ArrayList 集合在查询元素时速度很快，但在增删元素时效率较低。为了克服这种局限性，可以使用 List 接口的另一个实现 LinkedList。该集合内部维护了一个双向循环链表，链表中的每一个元素都使用引用的方式来记住它的前一个元素和后一个元素，从而可以将所有的元素彼此连接起来。当插入一个新元素时，只需要修改元素之间的这种引用关系即可，删除一个节点也是如此。正因为这样的存储结构，LinkedList 集合对于元素的增删操作具有很高的效率，LinkedList 集合添加元素和删除元素的过程如图 7-16 所示。

图 7-16　双向循环链表结构图

图 7-16 中，通过两张图描述了 LinkedList 集合新增元素和删除元素的过程。其中，左图为新增一个元素，图中的元素 1 和元素 2 在集合中彼此为前后关系，在它们之间新增一个元素时，只需要让元素 1 记住它后面的元素是新元素，让元素 2 记住它前面的元素为新元素就可

以了。也就是说,新增元素实际上是改变了引用关系。右图为删除元素,要想删除元素 1 与元素 2 之间的元素 3,只需要让元素 1 与元素 2 变成前后关系就可以了。换言之,将元素 1 和元素 2 相互引用即可实现元素 3 的删除。由此可见,LinkedList 集合具有增删元素效率高的特点。针对元素的增删操作,LinkedList 集合定义了一些特有的方法,如表 7-3 所示。

表 7-3　LinkedList 集合特有方法说明表

方法声明	功能描述
void add(int index,E element)	在此列表中指定的位置插入指定的元素
void addFirst(Object o)	将指定元素插入此列表的开头
void addLast(Object o)	将指定元素添加到此列表的结尾
Object getFirst( )	返回此列表的第一个元素
Object getLast( )	返回此列表的最后一个元素
Object removeFirst( )	移除并返回此列表的第一个元素
Object removeLast( )	移除并返回此列表的最后一个元素

表 7-3 中列出的方法主要是针对集合中的元素进行增加、删除和获取操作。接下来通过代码 7-12 所示案例来学习这些方法的使用。

代码 7-12　LinkedList 集合应用案例

```
1 import java.util. * ;
2 public class Example05 {
3   public static void main(String[ ] args){
4     LinkedList link =newLinkedList( );        //创建 LinkedList 集合
5     link.add("stu1");
6     link.add("stu2");
7     link.add("stu3");
8     link.add("stu4");
9 System.out.println(link.tostring());          //取出并打印该集合中的元素
10    link.add(3,"Student");                     //向该集合中指定位置插入元素
11    link.addFirst("First");                    //向该集合第一个位置插入元素
12     System.out.println(link);
13    System.out.println(link.getFirst( ));      //取出该集合中第一个元素
14   link.remove(3);                             //移除该集合中指定位置的元素
15   link.removeFirst();                         //移除该集合中第一个元素
16    System.out.println(link);
17   }
18 }
```

运行结果如图 7-17 所示。

```
[stu1, stu2, stu3, stu4]
[First, stu1, stu2, stu3, Student, stu4]
First
[stu1, stu2, Student, stu4]
```

图 7-17　代码 7-12 运行结果

代码 7-12 中，首先在 LinkedList 集合中存入 4 个元素。然后通过 add(int index,Object o)和 addFirst(Object o)方法分别在集合的指定位置和第一个位置（索引 0 位置）插入元素，最后使用 remove(int index)和 removeFirst( )方法将指定位置和集合中的第一个元素移除，这样就完成了元素的增删操作。由此可见，使用 LinkedList 对元素进行增删操作是非常便捷的。

4. Iterator 接口

在程序开发中，经常需要遍历集合中的所有元素。针对这种需求，JDK 专门提供了一个接口 Iterator。Iterator 接口也是 Java 集合中的一员，但它与 Collection 和 Map 接口有所不同。Collection 接口与 Map 接口主要用于存储元素，而 Iterator 主要用于迭代访问（即遍历）Collection 中的元素，因此 lterator 对象也被称为迭代器。代码 7-13 展示了如何使用 Iterator 实现集合元素的迭代访问。

```
代码 7-13   Iterator 接口应用案例
1    import java.util. * ;
2    public class Example06 {
3    public static void main(String[ ] args{
4     ArrayList list = new ArrayList( ); //创建 ArrayList 集合
5    list.add("data 1");              //向该集合中添加字符串
6    list.add("data 2");
7    list.add("data 3");
8    list.add("data 4");
9    Iterator it = list.iterator( );     //获取 Iterator 对象
10   while (it.hasNext( )) {          //判断 ArrayList 中是否存在下一个元素
11     Object obj = it.next( );        //取出 ArrayList 集合中的元素
12     System.out.println(obj);
13     }
14   }
15   }
```

运行结果如图 7-18 所示。

```
data_1
data_2
data_3
data_4
```

图 7-18   代码 7-13 运行结果

代码 7-13 展示的是 Iterator 遍历集合的整个过程。当遍历元素时，首先通过调用 ArrayList 集合的 iterator( )方法获得迭代器对象。然后使用 hasNext( )方法判断集合中是否存在下一个元素。如果存在，则调用 next( )方法将元素取出；否则说明已到达了集合末尾，停止遍历元素。需要注意的是，在通过 next( )方法获取元素时，必须保证要获取的元素存在，否则会抛出 NoSuchElementException 异常。

Iterator 迭代器对象在遍历集合时,内部采用指针的方式来跟踪集合中的元素,图 7-19 所示为 Iterator 对象迭代元素的过程。

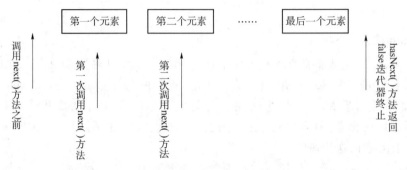

图 7-19　Iterator 对象迭代元素图例

图 7-19 中,在调用 Iterator 的 next( )方法之前,迭代器的索引位于第 1 个元素之前,不指向任何元素。当第一次调用迭代器的 next( )方法后,迭代器的索引会向后移动一位,指向第一个元素并将该元素返回。当再次调用 next( )方法时,迭代器的索引会指向第 2 个元素并将该元素返回。依此类推,直到 hasNext( )方法返回 false,表示到达了集合的末尾,终止对元素的遍历。

需要特别说明的是,当通过迭代器获取 ArrayList 集合中的元素时,都会将这些元素当作 Object 类型来看待,如果想得到特定类型的元素,则需要进行强制类型转换。

5. JDK 5.0 新特性——for-each 循环

虽然 Iterator 可以用来遍历集合中的元素,但写法上比较烦琐。为了简化书写,从 JDK 5.0 开始提供了 for-each 循环。for-each 循环是一种更加简洁的 for 循环,也称增强 for 循环。for-each 循环用于遍历数组或集合中的元素,其具体语法格式如下。

```
1 for( 容器中元素类型 临时变量容器变量){
2   执行语句
3   }
```

从上面的格式可以看出,与 for 循环相比,for-each 循环不需要获得容器的长度,也不需要根据索引访问容器中的元素,但它会自动遍历容器中的每个元素。接下来通过代码 7-14 对 for-each 循环进行讲解。

代码 7-14　for-each 循环应用案例
```
1 import java.util. * ;1
2 public class Example07 {
3   public static void main(String[ ] args) {
4   ArrayList list = new ArrayList( );        //创建 ArrayList 集合
5   list.add("Jack");                         //向集合中添加字符串元素
6   list.add("Rose");
```

```
7    list.add("Tom");
8    for (Object obj :list) {          //使用 for each 循环遍历集合
9        System.out.println(obj);      //取出并打印集合中的元素
10     }
11   }
12 }
```

运行结果如图 7-20 所示。

图 7-20 代码 7-14 运行结果

通过此代码可以看出，for-each 循环在遍历集合时语法非常简洁，没有循环条件，也没有迭代语句，所有这些工作都交给虚拟机去执行了。for-each 循环的次数是由容器中元素的个数决定的，每次循环时，for-each 中都通过变量将当前循环的元素记住，从而将集合中的元素分别打印出来。

七、Map 接口

1. Map 接口简介

在现实生活中，每个人都有唯一的身份证号，通过身份证号可以查询到这个人的信息，两者是一对一的关系。在应用程序中，如果想存储这种具有对应关系的数据，则需要使用 JDK 中提供的 Map 接口。

Map 接口是一种双列集合，它的每个元素都包含一个键对象 Key 和值对象 Value。键和值对象之间存在一种对应关系，称为映射。从 Map 集合中访问元素时，只要指定了 Key，就能找到对应的 Value。表 7-4 给出了 Map 接口中定义的一些常用方法。

表 7-4 Map 集合常用方法表

方法声明	功能描述
void put(Object key,Object value)	将指定的值与此映射中的指定键关联(可选操作)
Object get(Object key)	返回指定键所映射的值；如果此映射不包含该键的映射关系，则返回 null
boolean containsKey(Object key)	如果此映射包含指定键的映射关系，则返回 true
boolean containsValue(Object value)	如果此映射将一个或多个键映射到指定值，则返回 true
Set keySet()	返回此映射中包含的键的 Set 视图
Collection<V>values()	返回此映射中包含的值的 Collection 视图
Set<Map.Entry<K,V>>entrySet()	返回此映射中包含的映射关系的 Set 视图

如表 7-4 所示，put(Object key，Object value)和 get(Object key)方法分别用于向 Map 中存入元素和取出元素；containsKey(Object key)和 containsValue(Object value)方法分别用于

判断 Map 中是否包含某个指定的键或值；keySet( )和 values( )方法分别用于获取 Map 中所有的键和值。

2. HashMap 集合

HashMap 集合是 Map 接口的一个实现类，用于存储键值映射关系，但必须保证不出现重复的键。接下来通过一个案例来学习 HashMap 的用法，如代码 7-15 所示。

```
代码 7-15  HashMap 集合应用案例
1  import java.util. * ;
2  public class Example08 {
3   public static void main(String[] args) {
4     Map map = new HashMap( );              //创建 Map 对象
5     map.put("1","Jack");                   //存储键和值
6     map.put("2","Rose");
7     map.put("3","Lucy");
8     System.out.println ("1:" + map.get("1"));   //根据键获取值
9     System.out.println ("2:" + map.get("2"));
10     System.out.println ("3:" + map.get("3"));
11    }
12  }
```

运行结果如图 7-21 所示。

```
1：Jack
2：Rose
3：Lucy
```

图 7-21　代码 7-15 运行结果

代码 7-15 首先通过 Map 的 put(Object key，Object value)方法向集合中加入 3 个元素。然后，通过 Map 的 get(Object key)方法获取与键对应的值。前面已经介绍过 Map 集合中的键具有唯一性，现在向 Map 集合中存储一个相同的键看看会出现什么情况。在代码 7-15 的第 7 行下增加如下语句：

```
map.put("3","Mary");
```

重新运行后，可以看到果如图 7-22 所示结果。

```
1：Jack
2：Rose
3：Mary
```

图 7-22　修改代码 7-15 后的运行结果

从图 7-22 中可以看出，Map 中仍然只有 3 个元素，只是第 2 次添加的值"Mary"覆盖了原来的值"Lucy"。这也证实了 Map 中的键必须是唯一的，不能重复。如果存储了相同的键，后存储的值则会覆盖原有的值。

在程序开发中,经常需要取出 Map 中所有的键和值,那么如何遍历 Map 中所有的键值对呢? 有两种方式可以实现,第一种方式就是先遍历 Map 集合中所有的键,再根据键获取相应的值,如代码 7-16 所示。

代码 7-16 遍历键的 Map 集合应用案例

```
1 import java.util. * ;
2 public class Example09 {
3   public static void main(String[ ] args) {
4     Map map = new HashMap( );        //创建 Map 集合
5     map.put("1","Jack");             //存储键和值
6     map.put("2","Rose");
7     map.put("3","Lucy");
8     Set keySet = map.keySet( );      //获取键的集合
9     Iterator it = keySet.iterator( ); //迭代键的集合
10      while (it.hasNext( )) {
11      Object key = it.next( );
12      Object value = map.get(key);   //获取每个键所对应的值
13      System.out.println(key + ":" + value);
14      }
15   }
16 }
```

运行结果如图 7-23 所示。

```
3：Lucy
2：Rose
1：Jack
```

图 7-23　代码 7-16 运行结果

代码 7-16 中,第 8~14 行代码是第一种遍历 Map 的方式。首先调用 Map 对象的 KeySet( )方法,获得存储 Map 中所有键的 Set 集合,然后通过 Iterator 迭代 Set 集合的每一个元素,即每一个键,最后通过调用 get(String key)方法,根据键获取对应的值。

Map 集合的另外一种遍历方式是先获取集合中的所有的映射关系,然后从映射关系中取出键和值,如代码 7-17 所示。

代码 7-17 遍历映射关系的 Map 集合应用案例

```
1 import java.util. * ;
2 public class Example10 {
3 public static void main(String[ ] args {
4   Map map = new HashMap( );          //创建 Map 集合
5   map.put("1","Jack");               //存储键和值
6   map.put("2","Rose");
7   map.put("3","Lucy");
```

```
8      Set entrySet = map.entrySet( );
9      it = entrySet.iterator( );                              //获取 Iterator 对象
10     while (it.hasNext( )){
11        Map.Entry entry =(Map.Entry)(it.next( ));           //获取集合中键值对映射
12        Object key = entry.getKey( );                        //获取 Entry 中的键
13        Object value = entry.getValue( );                    //获取 Entry 中的值
14        System.out.println(key +":" +value);
15     }
16     }
17 }
```

运行结果如图 7-24 所示。

```
3：Lucy
2：Rose
1：Jack
```

图 7-24　代码 7-17 运行结果

代码 7-17 中,第 8～15 行代码是第二种遍历 Map 的方式。首先调用 Map 对象的 entrySet( )方法获得存储在 Map 中所有映射的 Set 集合。这个集合中存放了 Map.Entry 类型的元素(Entry 是 Map 内部接口),每个 Map.Entry 对象代表 Map 中的一个键值对。然后,迭代 Set 集合,获得每一个映射对象,并分别调用映射对象的 getKey( )和 getValue( )方法获取键和值。

在 Map 中还提供了一个 values( )方法,用于直接获取 Map 中存储所有值的 Collection 集合,如代码 7-18 所示。

代码 7-18　values( )方法应用案例
```
1 import java.util. * ;
2 public class Example11 {
3 public static void main(String[ ] args){
4 Map map = new HashMap( );                    //创建 Map 集合
5 map.put("1","Jack");                          //存储键和值
6 map.put("2","Rose");
7 map.put("3","Lucy");
8 Collection values = map.values( );
9 Iterator it = values.iterator( );
10 while (it.hasNext( )) {
11   Object value = it.next( );
12   System.out.println(value);
13    }
14 }
15 }
```

运行结果如图 7-25 所示。

```
Lucy
Rose
Jack
```

图 7-25　代码 7-18 运行结果

代码 7-18 中，通过调用 Map 的 values( )方法获取包含 Map 中所有值的 Collection 集合，然后迭代出集合中的每一个值。

从上面的例子可以看出，HashMap 集合迭代出来的元素的顺序和存入的顺序是不一致的。如果想让这两个顺序一致，可以使用 Java 中提供的 LinkedHashMap 类。这是 HashMap 的一个子类，与 LinkedList 一样，它也使用双向链表来维护内部元素的关系，使 Map 元素迭代的顺序与存入的顺序一致，如代码 7-19 所示。

```
代码 7-19　LinkedHashMap 类应用案例
1  import java.util.*;
2  public class Examplel2 {
3  public static void main(String[ ] args){
4  Map map = new LinkedHashMap( );      //创建 Map 集合
5  map.put("1","Jack");                  //存储键和值
6  map.put("2","Rose");
7  map.put("3","Lucy");
8  Set keySet = map.keySet( );
9  Iterator it = keySet.iterator( );
10  while (it.hasNext( ))[
11  Object key = it.next( );
12  Object value = map.get(key);         //获取每个键所对应的值
13  System.out.println(key + ":" + value);
14    }
15   }
16 }
```

运行结果如图 7-26 所示。

```
1: Jack
2: Rose
3: Lucy
```

图 7-26　代码 7-19 运行结果

在代码 7-19 中，首先创建了一个 LinkedHashMap 集合并存入了 3 个元素，然后使用迭代器将元素取出。从运行结果可以看出，元素迭代出来的顺序和存入的顺序是一致的。

3. Properties 集合

Map 接口中还有一个实现类 Hashtable。它和 HashMap 十分相似，区别在于 Hashtable

是线程安全的。Hashtable 存取元素时速度很慢，目前基本上被 HashMap 类所取代，但 Hashtable 类有一个子类 Properties，在实际应用中非常重要。

Properties 主要用来存储字符串类型的键和值。在实际开发中，经常使用 Properties 集合来存取应用的配置项。假设有一个文本编辑工具，要求默认背景色是红色，字体大小为 14px，语言为中文，其配置项如下：

Backgroup-color＝red

Font-size＝14px

Language＝chinese

在程序中可以使用 Properties 集合对这些配置项进行存取，如代码 7-20 所示。

```
代码 7-20  Properties 集合应用案例
1 import java.util. * ;
2 public class Example13 {
3 public static void main(String[ ] args){
4 Properties p＝new Properties( );          //创建 Properties 对象
5 p.setProperty("Backgroup- color","red");
6 p.setProperty("Font- size","14px");
7 p.setProperty("Language", "chinese");
8 Enumeration names = p.propertyNames( );
9 while(names.hasMoreElements( )){          //循环遍历所有的键
10 String key＝(String) names.nextElement( );
11 String value＝p.getProperty(key);        //获取对应键的值
12 System.out.println(key+" = "+value);
13    }
14  }
15 }
```

运行结果如图 7-27 所示。

```
Language = chinese
Backgroup－color = red
Font－size = 14px
```

图 7-27　代码 7-20 运行结果

代码 7-20 在应用 Properties 类时，针对字符串的存取使用了两个专用方法：setProperty( )和 getProperty( )。其中，setProperty( )方法用于将配置项的键和值添加到 Properties 集合中。在第 8 行代码中通过调用 Properties 的 propertyNames( )方法得到一个包含所有键的 Enumeration 对象，然后在遍历所有的键时，调用 getProperty( )方法获得键所对应的值。

【任务实施】

一、语音验证码平台操作实训

· 步骤 1.1 登录网页。

登录网页 http://172.18.18.253:8080/txy/index.html#/，单击"开发技能"按钮，选择"语音服务"。

- 步骤 1.2 选择语音验证码。

在"服务接入实践"的子菜单中选择"验证码",单击"实践体验"按钮,如图 7-28 所示。

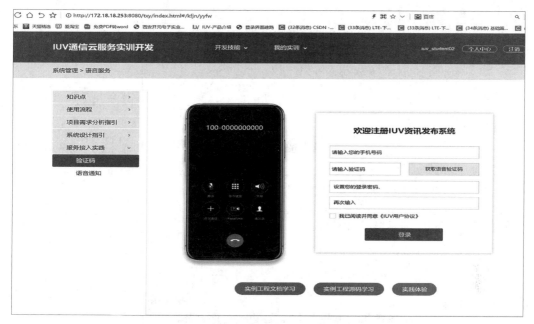

图 7-28 语音验证码模块

进入密码找回实验界面后,输入手机号码,单击"获取语音验证码",如图 7-29 所示。单击"下一步"按钮,界面显示"验证码发送中"的提示信息。

- 步骤 1.3 接收验证码并进行密码修改。

完成上一步骤后,用户将收到语音电话的语言验证码,如图 7-30 所示。在密码找回界面输入收到的语言验证码。

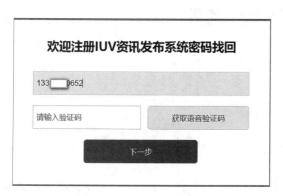

图 7-29 获取语音验证码

图 7-30 接收语音电话

单击"下一步"按钮,系统对输入的验证码进行验证。验证成功后,进入密码修改界面,输入两次相同的新密码,如图 7-31 所示。

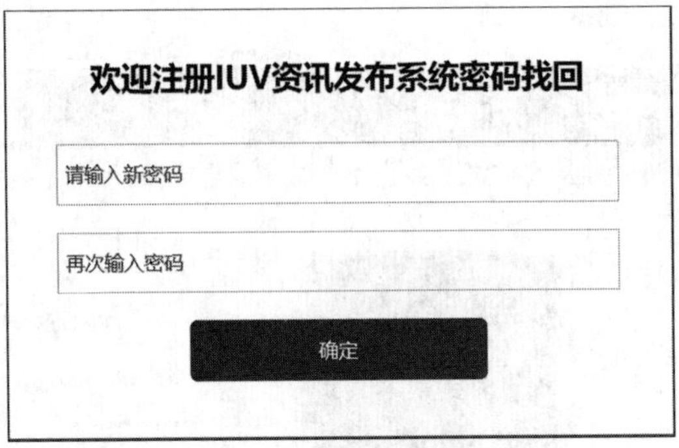

图 7-31　密码修改

单击"确定"按钮,显示"密码修改成功",如图 7-32 所示。

图 7-32　密码修改成功界面

二、语音验证码代码编程实训

密码找回系统的开发需要编写大量代码,本节仅对部分功能进行训练。

- 步骤 2.1 验证码的查询。

密码找回系统需要根据输入的手机号查找出系统存储的验证码,才能完成和输入验证码的对比。本步骤考查的是 map 集合的 get(Object key)方法的使用。map 集合的名称是 codeMaps,Object key 是 moblile。通过手机号码,完成验证码的查询,如代码 7-21 所示。

代码 7-21　验证码的查询

```
1  public static String getCodeByMobile(String mobile) {
2          String code = null;
3          /**
4           * codeMaps 集合中
5           * key:手机号
6           * value:验证码
7           */
8          Map<String, String> codeMaps = new HashMap<>( );
9          codeMaps.put("13812345670", "327870");
10         codeMaps.put("13812345671", "327871");
11         codeMaps.put("13812345672", "327872");
12         codeMaps.put("13812345673", "327873");
13         codeMaps.put("13812345674", "327874");
14         codeMaps.put("13812345675", "327875");
15         codeMaps.put("13812345676", "327876");
16         codeMaps.put("13812345677", "327877");
17         codeMaps.put("13812345678", "327878");
18         codeMaps.put("13812345679", "327879");
19         /**
20          * TODO 语音验证码问题一
21          * 根据手机号 mobile 查询出验证码
22          */
```

根据代码 7-21 中注释，在该处插入如下语句，即可实现指定的功能。

```
1  String code = codeMaps.get(moblile)
2  Return code
```

• 步骤 2.2 在控制台实现手机号码和验证码的显示。

本步骤涉及两个问题：获得所有键值的方法和 for-each 循环。keySet( )方法用于获取 Map 中所有的键，如代码 7-22 所示。

代码 7-22　在控制台实现手机号码和验证码的显示

```
1  public static void showAllMobile( ) {
2          Map<String, String> codeMaps = new HashMap<>( );
3          codeMaps.put("13812345670", "327870");
4          codeMaps.put("13812345671", "327871");
5          codeMaps.put("13812345672", "327872");
6          codeMaps.put("13812345673", "327873");
7          codeMaps.put("13812345674", "327874");
8          codeMaps.put("13812345675", "327875");
9          codeMaps.put("13812345676", "327876");
```

```
10          codeMaps.put("13812345677", "327877");
11          codeMaps.put("13812345678", "327878");
12          codeMaps.put("13812345679", "327879");
13          /**
14           *  TODO 语音验证码问题二
15           *  显示出所有手机号和验证码到控制台
16           */
```

for-each 循环用于遍历数组或集合中的元素,其具体语法格式如下。

```
1 for( 容器中元素类型 临时变量 容器变量){
2  执行语句
3  }
```

结合以上两个功能语句的使用方法,在代码 7-22 的注释处添加如下语句,即可实现该功能。

```
1 Set<string> mobiles = codeMaps.keySet( );
2 for (string mobile:mobiles){System.out.println("手机号:"+moblile+"验证码:"+codeMaps.get(mobile));
3 }
```

• 步骤 2.3 语音验证码的实现。

本步骤在语音验证码的代码框架下,填充向阿里云的请求信息,包括:(1)发送号码;(2)语音模板;(3)具体信息,如代码 7-23 所示。

代码 7-23　语音验证码的实现

```
1          package com.iuv.shortvoicemessage.util;
2
3          import com.aliyuncs.CommonRequest;
4          import com.aliyuncs.CommonResponse;
5          import com.aliyuncs.DefaultAcsClient;
6          import com.aliyuncs.IAcsClient;
7          import com.aliyuncs.exceptions.ClientException;
8          import com.aliyuncs.exceptions.ServerException;
9          import com.aliyuncs.http.MethodType;
10         import com.aliyuncs.profile.DefaultProfile;
11         import com.google.gson.Gson;
12         import com.iuv.shortvoicemessage.vo.SingleCallByTtsResponse;
13         /**
14          *  语音验证码工具类
15          *  像阿里云发送申请语音验证码和验证发送结果的实现类
16          *  @author mic
17          *  @date 17:04
18          */
```

```
19    public class VoiceMessageUtil {
20    /**
21     * 用户 AccessKey
22     */
23     static final String accessKeyId = "LTAI4GEUrnLSZgRPjCcfFSik";
24     /**
25      * AccessKey 密钥
26      */
27     static final String accessKeySecret = "jr97i2IMItJUpbzjEu2PoEMXFkhXoY";
28
29     /**
30      * 发送语音验证码
31      * @param mobile
32      * @param templateCode
33      * @param templateParamJson
34      * @return
35      * @throws Exception
36      */
37      public static SingleCallByTtsResponse sendVoidMessage(String mobile, String templateCode,
       String templateParamJson) throws Exception {
38      //超时时间设置
39      System.setProperty("sun.net.client.defaultConnectTimeout", "20000");
40      System.setProperty("sun.net.client.defaultReadTimeout", "20000");
41      DefaultProfile profile = DefaultProfile.getProfile("cn- hangzhou", accessKeyId, accessKeySecret);
42      IAcsClient client = new DefaultAcsClient(profile);
43      CommonRequest request = new CommonRequest( );
44      request.setMethod(MethodType.POST);
45      request.setDomain("dyvmsapi.aliyuncs.com");
46      request.setVersion("2017- 05- 25");
47      request.setAction("SingleCallByTts");
48      request.putQueryParameter("RegionId", "cn- hangzhou");
49     /**
50      * TODO 语音验证码问题三
51      * 在发送到阿里云的请求信息里填充具体的(1)发送号码,(2)语音模板和(3)具体信息
52      */
53
54      SingleCallByTtsResponse response = null;
55      try {
56        CommonResponse commonResponse = client.getCommonResponse(request);
57        if (commonResponse ! = null && commonResponse.getData( ) ! = null) {
58          response = new Gson( ).fromJson(commonResponse.getData( ), SingleCallByTtsResponse.class);
59        }
```

```
60              } catch (ServerException e) {
61                e.printStackTrace( );
62              } catch (ClientException e) {
63                e.printStackTrace( );
64              }
65            return response;
66          }
67        }
```

结合语音验证码问题三提出的要求,可以仿照第 48 行语句的格式"request.putQueryParameter("RegionId", "cn-hangzhou");"完成相应功能语句的编写。其中,"RegionId"是阿里云的固定名称,"cn-hangzhou"是我方的申请信息。在该问题中,发送号码 mobile 的对应名称是"CalledNumber",语音模板 templateCode 的对应名称是"TtsCode",具体信息 templateParamJson 的对应名称是"TtsParam"。

综上所述,在代码 7-23 的第 53 行添加如下语句,即可实现问题三所需的功能。

```
1        request.putQueryParameter("CalledNumber", mobile);
2        request.putQueryParameter("TtsCode", templateCode);
3        request.putQueryParameter("TtsParam", templateParamJson);
```

【任务拓展】

思考一下,短信验证码和语音验证码相比,各有哪些优缺点?

【任务测验】

1. _____ 是所有单列集合的父接口,它定义了单列集合(List 和 Set)通用的一些方法。

2. 使用 lterator 遍历集合时,首先需要调用 _____ 方法判断是否存在下一个元素,若存在下一个元素,则调用 _____ 方法取出该元素。

3. List 集合的主要实现类有 _____、_____,Set 集合的主要实现类有 _____、_____,Map 集合的主要实现类有 _____、_____。

4. Map 接口是一种双列集合,它的每个元素都包含一个键对象 _____ 和值对象 _____,键和值对象之间存在一种对应关系,称为映射。

5. ArrayList 内部封装了一个长度可变的 _____。

参考文献

[1] 中国电信集团公司.云网融合 2030 技术白皮书[R].广州:中国电信集团公司 & 高通公司,2020:1-24.

[2] TS 36.101V11.29.0. Evolved Universal Terrestrial Radio Access (E-UTRA): User Equipment (UE) Radio Transmission and Reception (Release 11)[S]. 3GPP,2021.

[3] 吴细刚. NB-IoT 从原理到实践[M].北京:电子工业出版社,2017.

[4] 陈佳莹,刘忠,马芳云,等. 窄带物联网(NB-IoT)技术实战指导[M]. 西安:西安电子科技大学出版社,2020.

[5] 李立高,左利钦,胡庆旦,等. 通信工程概预算[M]. 北京:北京邮电大学出版社,2010.

[6] 于正永,束美其,谌梅英,等. 通信工程概预算(高职)[M]. 西安:西安电子科技大学出版社,2018.

[7] Thomas D. Nadeau, Gray Ken 著.软件定义网络:SDN 与 OpenFlow 解析[M]. 毕军,单业,张绍宇,等译.北京:人民邮电出版社, 2014: 43-56.

[8] 华为技术有限公司. 什么是 ZTP[EB/OL]. https://info. support. huawei. com/info-finder/encyclopedia/zh/ZTP.html. (2022-11-25)[2021-8-26].

[9] 埃里克·达尔曼,等著. 5G NR 标准:下一代无线通信技术[M]. 朱怀松,王剑,刘阳,译. 北京:机械工业出版社,2019.

[10] 许浩,张儒申. 5G 组网架构对比与演进方案[J]. 电信科学. 2020,36(S1):1-6.

[11] 杨峰义,张建敏,王海宁著. 5G 网络架构[M]. 北京:电子工业出版社,2017.

[12] 马芳云等. 新一代 5G 网络——全网部署与优化[M]. 北京:中国铁道出版社,2022.

[13] 黑马程序员.Java 基础案例教程.2 版.[M].北京:人民邮电出版社,2021.

[14] 刘刚,刘伟.Java 程序设计基础教程(慕课版)[M].北京:人民邮电出版社,2019.